EDITORIAL

Liebe Leserinnen und Leser,

keine Frage, unsere Vogelwelt ist faszinierend und – wenn auch schon lange nicht mehr überall – vielfältig. Eine Vogelstimmenwanderung durch einen Laubwald an einem frühen Morgen Ende April/Anfang Mai ist faszinierend, kann aber durchaus auch verwirrend sein. Ich werde oftmals gefragt, wie sich Anfänger am besten in unsere Vogelwelt einarbeiten und ihre Artenkenntnis aufbauen können. Meine Antwort: Gartenvögel und Wasservögel! Gerade Wasservögel sind eine zahlenmäßig überschaubare Vogelgruppe mit relativ leicht zu bestimmenden Arten. Selbstverständlich gibt es auch Ausnahmen, aber generell sind Enten (zumindest die Männchen) leicht zu erkennen und vermitteln auch Anfängern sehr schnell Erfolgserlebnisse. Wasservögel sind der ideale Einstieg in unsere Vogelwelt, in die systematische und intensive Beobachtung. Übrigens hat es auch bei mir mit Wasservögeln angefangen: In meiner Jugend habe ich mich hauptsächlich für Amphibien und Reptilien interessiert, etwas Handfestes, etwas, das man auch anfassen kann. Meine erste systematische Beobachtung von Vögeln fand mit Thilo Wiesent am Stadtweiher in Sulzbach-Rosenberg statt, kurz darauf dann Beringen von Graureihern mit Johann Metz, dem damaligen Vorsitzenden der Kreisgruppe Amberg-Sulzbach des LBV (Landesbund für Vogelschutz in Bayern). Der Rest ist Geschichte, wie man so schön sagt.

Wasservögel sind aber noch mehr als nur ein idealer Einstieg in die Vogelbeobachtung. Wasservögel sind ein hervorragender Indikator für den Zustand unserer Gewässer, aber auch in vielerlei Hinsicht ein hervorragender Zugang zu einer langen Liste weiterer Themen. Sie helfen uns, „Biologie und Ökologie zu verstehen“. Denken Sie nur an den Zusammenhang zwischen Nährstoffgehalt und Vorkommen von Wasservögeln, die Ausbreitung von Neozoen, die Bedeutung von Sekundärlebensräumen für unsere biologische Vielfalt oder Themen wie Einfluss der Prädation, Störungsökologie und internationaler Artenschutz. Und viele Wasservögel sind ganz einfach schön!

Was auch immer Ihr persönlicher Zugang zu Wasservögeln ist, ich wünsche Ihnen viele schöne Stunden draußen an unseren Teichen, Seen, Bächen und Flüssen. Nehmen Sie Familie und Freunde mit raus zum Beobachten von Wasservögeln – und erleben Sie, wie „noch-nicht-Vogelbeobachterinnen und Vogelbeobachter“ nach und nach unser aller Begeisterung für unsere Vogelwelt teilen!

Beste Grüße,
Ihr

Dr. Norbert Schäffer

INHALT

58 Flussseeschwalbe

64 Bläss- & Weißwangengänse

Titelbild

Haubentaucher (Foto: S. Pfützke)

DER FALKE Journal für Vogelbeobachter 66. Jahrgang, Sonderheft 2019 · ISBN 978-3-89104-822-1 · ISSN 0323-357X4

Deutschland ist ein wichtiges Überwinterungsgebiet für Blässgänse.
Foto: S.R. Sudmann. Unterer Niederrhein, 15.1.2009.

MONITORING, HIGHTECH-FORSCHUNG, GEWÄSSERINDIKATOR, FEUCHTGEBIETSSCHUTZ:

Wasservögel

Unter dem Begriff „Gewässer" werden höchst unterschiedliche Lebensräume zusammengefasst, vom kleinen Bach bis zu großen Flüssen und vom kleinen Tümpel bis zu Seen und Meeren. Alle diese Gewässer werden von Vögeln genutzt, die jedoch auch einen festen Grund zum Brüten benötigen (wenn sie keine Schwimmnester wie die Taucher bauen). Deshalb sind auch Uferbereiche und Inseln wichtige Habitatelemente. Auch den Menschen zieht es zum Wasser. An den Gewässerufern siedelten die ersten Menschen. Hier wurde Fischfang betrieben und Flüsse dienten als Handelswege. Konkurrenz zwischen Vogellebensräumen und menschlicher Nutzung gibt es also schon lange. Wasservögel wurden zudem als Nahrungsquelle genutzt und als Hausente bzw. Hausgans domestiziert. Durch das enge Zusammenleben fanden zum Beispiel Schwäne und Weißstorch Eingang in die Sagenwelt und das Kulturgut. Es gibt unheimlich viel über Wasservögel zu berichten. Wo fängt man also an?

Auch Limikolen, wie diese Uferschnepfen, zählen zu den Wasservögeln.
Foto: S. Pfützke. Nordkehdingen, 4.6.2010.

Mit der einfachen Frage: Was sind eigentlich „Wasservögel"? Die Antwort ist gar nicht so einfach. Zunächst fallen einem die Enten, Gänse und Schwäne ein, und die Taucher, und Blässhühner sind auch auf fast jedem Gewässer. Doch da geht es schon los: Gehören alle Rallen dazu, also auch der in Wiesen oder Ackerflächen lebende Wachtelkönig? Und was ist mit Seeadler, Graureiher, Eisvogel und Wasseramsel? Die leben doch auch alle mehr oder weniger an Gewässern... Je intensiver man sich mit der Frage beschäftigt, desto mehr Arten fallen einem ein, die eigentlich dazu gehören. Und tatsächlich ist die Gruppe sehr umfangreich und umfasst ein weites Artenspektrum. In der Datenbank von Wetlands International werden weltweit mehr als 800 Wasservogelarten geführt. Demnach gehören alle Enten, Gänse, Schwäne, Lappen- und Seetaucher, Flamingos, Kraniche, Rallen, Störche, Ibisse, Reiher, Pelikane, Kormorane, Limikolen, Möwen und Seeschwalben dazu. Aber keine Greifvögel, Eisvögel und Singvögel. Dies hat den Grund, dass Vogelgruppen (Ordnungen) immer vollständig gelistet sind und Gruppen mit nur wenigen ans Wasser gebundenen Arten gar nicht. Deshalb gehört der in Trockengebieten lebende Triel dazu, der Eisvogel dagegen nicht. Dies mag unbefriedigend sein und deshalb gibt es in der Literatur auch immer wieder andere Definitionen, wer dazu gehört und wer nicht. Bei der Wasservogelzählung werden zum Beispiel Seeadler und Eisvögel mitgezählt.

Wasservogelzählung

In jedem Winterhalbjahr werden Mitte des Monats Wasservögel gezählt. Das Programm läuft schon seit den 1960er Jahren und ist das am längsten laufende Monitoringprogramm zu einer Organismengruppe überhaupt. Es gilt als Einstiegsprogramm und jeder kann mit einem überschaubaren Artenspektrum und gut zu unterscheidenden Arten an einem Parkgewässer beginnen. Zählungen an großen Seen oder im Wattenmeer mit Tausenden Vögeln sind dann etwas für Fortgeschrittene.

Neben den Tageszählungen an Gewässern gibt es in einigen Bundesländern noch Spezialprogramme zur Erfassung von Kormoranen und Möwen an den Schlafplätzen. In Nordrhein-Westfalen läuft seit einigen Jahren eine Sommerganszählung. Hier werden in der ersten Julihälfte an einem Termin alle Gänse gezählt, um zu kontrollieren, ob die Brutbestände weiter anwachsen. Niedersachsen hat das Programm bereits übernommen und vielleicht gibt es die Zählung demnächst noch in weiteren Bundesländern. Die Beteiligung an der Zählung in Nordrhein-Westfalen und Niedersachsen ist enorm.

Intakte Flussauen findet man in Deutschland aufgrund von Eindeichungen nicht mehr.
Foto: H.-J. Fünfstück. Saveauen, Kroatien, 7.12.2005.

Pfeifenten äsen gerne auf Grünland und wechseln dann zwischen Schlaf- und Nahrungsflächen.
Foto: V. Hesse. 29.12.2008.

Wanderungen – Vogelzug

Fast alle Wasservögel in unseren Gefilden sind Zugvögel und die Scharen von Gänsen und Kranichen symbolisieren den Vogelzug wie kaum eine andere Vogelart. Im Frühjahr und Herbst überqueren jedes Jahr Millionen Wasservögel Deutschland. Im Winter suchen Arten, die in Nord- und Osteuropa brüten, in unseren Gefilden eisfreie Gewässer auf. Andere Arten, wie die Störche und Kraniche, haben sich dann schon längst auf den Weg nach Südwesteuropa oder Afrika gemacht (von einigen Ausnahmen abgesehen, die sich in milden Wintern den Zug sparen). Auch wenn man die groben Zugwege mittlerweile kennt, birgt der genaue Zugablauf immer noch so manche Überraschung. Und die erfährt man, wenn man Vögel individuell markiert. Farbringablesungen aus vielen Ecken Europas und sogar Nordafrikas zeigen, wo sich einzelne Vögel genau aufhalten. Es gibt Vogelbeobachter, die ihre Urlaubsreisen in Gebiete legen, wo die Chance auf Ringablesungen besonders hoch ist. Manche verbringen im Winter jede freie Minute, um farbberingte Gänse in den Rastgebieten abzulesen und die Orte zu melden. Noch feinere Informationen zu den Zugwegen erbringen Hochleistungssender, die im Minutentakt die Positionen speichern können. Da bleiben kein Ortswechsel und keine Flugroute mehr verborgen. Aufgrund ihrer Körpergröße waren Gänse und Störche neben den Greifvögeln Pioniere beim Hightecheinsatz. Deshalb wissen wir bei diesen Arten sehr viele Details zum Zugablauf und ihrem Verhalten in den Überwinterungsgebieten. Denn die Forschung dient nicht nur der Gewinnung biologischer Daten, sondern hilft bei der Identifizierung der Rast- und Überwinterungsgebiete, und damit auch beim Schutz der Arten. Denn auch bei der Schutzgebietsausweisung leisteten die Wasservögel Pionierarbeit.

Mit Ramsar fing alles an

Am 2. Februar 1971 wurde in der iranischen Stadt Ramsar das „Übereinkommen über Feuchtgebiete, insbesondere als Lebensraum für Wasser- und Watvögel, von internationaler Bedeutung", kurz Ramsar-Konvention, beschlossen. Sie trat 1975 in Kraft und wurde von der Bundesrepublik Deutschland 1976 und von der Deutschen Demokratischen Republik 1978 ratifiziert. Es ist damit eines der ältesten internationalen Vertragswerke im internationalen Naturschutz, wobei insbesondere der Vogelschutz im Vordergrund stand. Die internationalen Wasservogelzählungen in den 1960er Jahren hatten einen starken Rückgang der Wasservogelpopulationen belegt, was einen Schutz der wichtigsten Rastgebiete nötig machte. Für jedes Ramsar-Gebiet sollte ein Managementplan erstellt und jährlich fortgeschrieben werden (was in Deutschland für die meisten Gebiete vergessen wurde). Dabei ist nicht nur der Gebietsschutz zu definieren, sondern auch die Nutzung zu reglementieren. Die Ramsar-Konvention ist damit mehr als eine reine Naturschutzverordnung, da sie gleichzeitig eine nachhaltige Nutzung („wise use") vorsieht, um die ökologische Rastgebietsfunktion eines Gebietes dauerhaft zu sichern. Gegenwärtig sind 169 Staaten der Konvention beigetreten. Alljährlich wird am 2. Februar der Weltfeuchtgebietstag begangen, was in Deutschland im Gegensatz zu anderen Ländern jedoch meist untergeht.

Der Ramsar-Konvention folgten mit der Bonner Konvention zum Schutz wandernder Tierarten (Convention on Migratory Species, CMS; 1983 in Kraft getreten) und dem daraus hervorgegangenen Afrikanisch-eurasischem Wasservogelabkommen (AEWA; 1999 in Kraft getreten) weitere wichtige Abkommen zum Schutz der Vogelwelt. Innerhalb der EU dominiert jedoch die 1979 verbindlich gewordene Vogelschutzrichtlinie, die in diesem Jahr ihr 40-jähriges Jubiläum feiert. Auch sie ist sehr stark auf den Ganzjahreslebensraum der Vogelarten fixiert und insbesondere auf den Schutz der Zugvogelarten, für die ein kohärentes Schutzgebietsnetz entwickelt werden soll. Diese Vogelschutzgebiete bilden quasi das Rückgrat des europäischen Vogelschutzes. Dabei ist es nicht verwunderlich, dass auch viele Feuchtgebiete dazu gehören.

Hochmoore sind nicht nur Lebensraum für Limikolen, sondern auch für Krickente und Zwergtaucher.
Foto: H.-J. Fünfstück. Estland, 14.4.2008.

Gewässer sind verschieden

Die Nutzung der Gewässer durch Wasservögel hängt von der Größe, der Form und dem Vorkommen von Nahrungsorganismen ab. Dieser Zusammenhang ist besonders gut am Bodensee untersucht worden. Aber auch andere Faktoren spielen eine Rolle. Die häufigste in Deutschland rastende Wasservogelart ist die Trauerente, die auf Ost- und Nordsee überwintert, aber nur selten ins Binnenland vordringt. Dies gilt auch für Eider-, Samt- und Eisente. Dagegen sind Reiher- und Tafelente auf molluskenreichen Binnengewässern anzutreffen und auch auf neu entstandenen Kiesgruben finden sich oft Trupps von mehreren Hundert bis einigen Tausend Individuen ein. Gründelenten mögen Flachgewässer, wo sie ihre Nahrung quasi abschöpfen können. Dabei suchen Krickenten auch kleine Gewässer auf, solange genügend Nahrung vorhanden ist.

Gänse benötigen Wasserflächen nur, um dort sicher vor Prädatoren schlafen zu können, oder als Trinkgewässer. Die Nahrungssuche erfolgt dagegen auf abgeernteten Äckern oder auf Grünland. Feuchtgrünland wird auch von Pfeifenten gerne genutzt. Es müssen also nicht nur die Gewässer, sondern auch die Uferbereiche und Umgebung passen.

Selbst Parkgewässer werden nicht nur von halbzahmen Stockenten und Teichhühnern bevölkert. Im Winter können sich hier mitunter auch Tafelenten, Weißwangengänse oder Singschwäne einfinden, die nicht aus der Gefangenschaft entkommen sind, sondern als Wildvögel in Skandinavien oder Russland gebrütet haben. Einigen Vögeln gelingt der Wechsel von menschenleeren Brutgebieten zu Parkgewässern problemlos. Sie haben gelernt, dass ihnen hier keine Gefahr droht, und ihre Scheu verloren. 1000 km nordöstlich verhalten sich die Vögel dann ganz anders und haben große Fluchtdistanzen, insbesondere dort, wo sie bejagt werden.

Während die Rastbestandszahlen vieler Wasservogelarten zunehmen, sind bei der Tafelente Rückgänge zu verzeichnen.
Foto: S.R. Sudmann. Unterer Niederrhein, 23.5.2019.

Schutz der Wasservögel

Derzeit stehen insbesondere die Vögel der Agrarlandschaft hinsichtlich der Artenrückgänge im Fokus. Aber auch bei den Wasservögeln hat es in der Vergangenheit große Lebensraumverluste gegeben, die zum lokalen Verschwinden etlicher Arten geführt haben.

Ein Beispiel sind die Flusslandschaften in Deutschland, die außerhalb des alpinen Bereichs derartig verändert wurden, dass man keine intakten Auen mehr vorfindet. Wer große natürliche Bach- und Flussläufe mit Mäandern und Kiesbänken sehen will, muss in andere Länder fahren. Mit dem Verlust dieser Landschaften sind auch die Bestände von Arten, die auf Kiesbänken brüten, stark zurückgegangen. Für die Flussseeschwalbe kam eine Rettung in Form von Nistflößen. Viele derartige Projekte in ganz Deutschland haben der Art geholfen, Brutkolonien zu etablieren. Für die Zwergseeschwalbe kam dies jedoch zu spät. Diese Art war zuvor im Binnenland ausgestorben und angesichts der geringen Brutbestände an Nord- und Ostseeküste kann man auch keine Wiederbesiedlung erwarten.

Auch die Moorente ist in einigen Gebieten Deutschlands verschwunden und zu einer der seltensten Brutvogelarten geworden. Deshalb hat man nun in Niedersachsen ein Wiederansiedlungsprogramm für diese Art am Steinhuder Meer gestartet. Solche Projekte sind immer sehr aufwendig und zeigen deutlich, dass man eine Gefährdung von (Wasser)vögeln ernst nehmen muss. Der Erhalt und die Verbesserung von Lebensräumen gefährdeter Arten sind immer günstiger als teure Wiederansiedlungsprogramme (auch wenn viele Politiker das nicht begreifen wollen).

Gewässer mit großen Rastbeständen können als Ramsar-Gebiet gemeldet werden, wie zum Beispiel der Ismaninger Speichersee.
Foto: P. Köhler. 8.5.2009.

Probleme?

In gesellschaftlichen Diskussionen gewinnt man oft den Eindruck, dass Vögel nur dann

Der Kormoran ist immer noch die Wasservogelart, die für heiße Diskussionen sorgt. Obwohl geschützt, darf die Art regional bekämpft werden.

Foto: M. Schäf. Mannheim, 13.2.2006.

eine Daseinsberechtigung haben, wenn sie klein und niedlich sind, keinen Dreck machen, schön singen und nichts fressen, was der Mensch nutzt. Ansonsten kommt schnell Geschrei auf, dass es „zu viele" sind und dringender Reduktionsbedarf besteht. Eine der prominentesten Arten hierfür ist der Kormoran, der als Vogel des Jahres 2010 so polarisierte wie kein anderer Jahresvogel zuvor und danach (ihm war auch das erste FALKE-Sonderheft gewidmet). Obwohl die Art nach der EU-Vogelschutzrichtlinie nicht jagdbar ist, haben mittlerweile elf Bundesländer Kormoranverordnungen zum Schutz der natürlich vorkommenden Tierwelt und zur Abwendung erheblicher fischereiwirtschaftlicher Schäden erlassen. Mit diesem Schlupfloch wird dann Alibi-Naturschutz betrieben und lieber Kormorane abgeschossen als die Wasserrahmenrichtlinie konsequent umzusetzen und den Fischen wieder qualitativ hochwertige Lebensräume zu schaffen, in denen sie auch vor Prädatoren besser geschützt wären.

Gänse beeindrucken, wenn sie im Winter in großer Zahl zu beobachten sind und die Luft mit ihrem Geschnatter erfüllt ist. Aber sie fressen eben auch, was Landwirte nicht begeistert. Deshalb ist in mehreren Bundesländern die Jagd auch auf nordische Gänsearten gestattet. Erst jüngst hat Brandenburg die Jagd auf die Tundrasaatgans wieder verboten, um die gefährdete Waldsaatgans zu schützen. In Nordrhein-Westfalen dürfen die nordischen Gänse gar nicht bejagt werden und die Landwirte erhalten jährlich mehrere Millionen Euro Entschädigungsleistungen. Im Sommer sorgen dann Grau-, Kanada- und Nilgans für Ungemach. Sie profitieren von grünen Grasmonokulturen, die man früher einmal als bunte Wiesen bezeichnen konnte, heutzutage aber nur der Futterproduktion für Hochleistungsrinder dienen. Das mögen auch Gänse und da sie nicht auf landwirtschaftlichen Flächen, sondern an Gewässerufern oder auf Inseln brüten, sind ihre Gelege und Jungen nicht durch Erntemaschinen gefährdet. So kommt es lokal zu Konflikten und die Jäger werden zu Hilfe gerufen. Deshalb beginnt die Jagd auf die drei Arten in Nordrhein-Westfalen auch bereits am 16. Juli – der Grund dafür, dass die Sommerganszählung am Wochenende vor Jagdbeginn gestartet wird. Andere Konflikte mit den „Sommergänsen" bestehen, wenn diese Freibadbereiche nutzen und dabei Liegewiesen durch Kot verunreinigen. Das ist zwar weniger ein gesundheitliches Problem, aber wer will schon sein Handtuch auf Gänsekot legen?

Wasservogeljagd

Die Jagd auf Wasservögel findet heutzutage oft nur zur „Schadensabwehr" statt, um landwirtschaftliche Kulturen oder Fischbestände zu schützen. Die Vermarktung von Gänsen und Enten zum Verzehr ist dagegen oft schwierig, sodass dafür extra Marketingoffensiven gestartet werden. Früher war dies anders, als die Wasservögel eine wertvolle Nahrungsquelle darstellten. Es gab hierfür extra Bolzenpfeile, die den Vogel töteten, ohne das wertvolle Fleisch zu zerstören. In Entenkojen wurden größere Entenansammlungen gefangen und dann getötet. Adelige beizten mit Falken auf Wasservögel. Bei den auf dem Zug rastenden oder überwinternden Wasservögeln wurde also reiche Ernte gehalten.

In den letzten Jahren sind die Wasservogelstrecken deutlich zurückgegangen: Wurden bis Anfang der 2000er Jahre meist mehr als eine halbe Million Enten erlegt, so waren es 2017/2018 weniger als 300 000. Bei den Gänsen werden jährlich etwa 100 000 Individuen erlegt. Zu den Höckerschwänen, die innerhalb der EU-Mitgliedstaaten nur in Deutschland und Österreich bejagt werden, gibt es keine bundesweite Übersicht. Eine detaillierte Liste fehlt auch zu den Arten der Enten und Gänse, da hier nur die Gruppen angegeben werden, obwohl nach europäischem Recht eine artspezifische Jagdstatistik zu führen ist.

Die Wasservögel sind hinsichtlich ihrer Ökologie und Biologie eine höchst vielseitige Artengruppe. Von reinen Vegetariern bis zu Fischfressern gibt es alle möglichen Ernährungstypen. Manche brüten einzeln und versteckt, andere in riesigen Kolonien. Einige verlassen ihr Gewässer erst, wenn es zufriert, Küstenseeschwalben fliegen jährlich von der Arktis in die Antarktis und wieder zurück. Gänse, Kraniche und Störche sind touristische Attraktionen, werden mitunter aber wegen landwirtschaftlicher Schäden oder als „Hasenkiller" verunglimpft. Der Kormoran ist immer für einen Disput gut und Nilgänse gelangen als Neozoen immer wieder in die Medien. In den 1970er Jahren wurden Graureiher in Kältewintern lokal gefüttert, um die Art zu erhalten, heute werden Graureiher in manchen Bundesländern wieder geschossen. Es gibt also eigentlich kein vogelkundliches Thema, das man mit Wasservögeln nicht besetzen kann.

Stefan R. Sudmann

Literatur zum Thema

Garthe S *et al.* 2004: See- und Wasservögel der deutschen Ostsee: Verbreitung, Gefährdung und Schutz. Bundesamt f. Naturschutz (Hrsg.), Bonn.

Kalbe L, Naacke J 2012: Alles gezählt? Erfassung und Schutz der Wasservögel in Ostdeutschland. Natur & Text, Rangsdorf.

Redaktion Charadrius 2018: Schwerpunktheft „Sommergänse". Charadrius 54, Heft 4.

Redaktion Der Falke 2010: Der Kormoran. Falke, Sonderheft.

Wahl J, Dröschmeister R, König C, Langgemach T, Sudfeldt C 2017: Vögel in Deutschland – Erfassung rastender Wasservögel. DDA, BfN, LAG VSW, Münster.

Stefan R. Sudmann, Dipl.-Biologe und Geschäftsführer des Planungsbüros STERNA, ist Redakteur der Zeitschrift Charadrius, koordiniert die Wasservogelzählung in NRW und ist an zahlreichen Projekten der Nordrhein-Westfälischen Ornithologengesellschaft beteiligt (Rote Liste, Brutvogelatlas). Seit dreißig Jahren beschäftigt er sich mit der Flussseeschwalbe.

Schnatterenten gehörten zu den ersten Besiedlern des neu geschaffenen Lebensraumes und brüten jährlich.
Foto: B. Volmer. Steinhuder Meer, 29.3.2019.

BAGGERARBEITEN FÜR DEN VOGELSCHUTZ:

Lebensräume für Wasservögel schaffen

Eine wohl unvorstellbar große Zahl von Feuchtgebieten ist in den letzten Jahrhunderten verlorengegangen. Erst in den letzten zwei bis drei Jahrzehnten werden immer mal wieder neue Feuchtgebiete gezielt für den Artenschutz geschaffen und gestaltet. Nicht immer wird der gute Wille zielführend umgesetzt und oft entsteht etwas, das nicht dem Leitbild und den Ansprüchen der gewünschten Arten entspricht. Ein positives Beispiel ist das Naturschutzgebiet Meerbruch in Niedersachsen, wo auf einer Grünlandfläche auf einem stark degenerierten Niedermoorboden ein Flachgewässer entstand, das sich bereits in kurzer Zeit zu einem wertvollen Lebensraum, unter anderem für Enten, Gänse und andere Wasservögel, entwickelt hat. Bei Neuanlagen können aber auch Probleme auftauchen und es müssen Maßnahmen ergriffen werden, den neu gewonnen Lebensraum zu erhalten.

Die fast überall durchgeführten Meliorationsmaßnahmen trafen in der Vergangenheit vor allem kleine bis mittelgroße, flache Gewässer und Sümpfe. Hochmoore wurden abgebaut oder für die landwirtschaftliche Nutzung trockengelegt, Flüsse und Bäche begradigt oder verrohrt und deren ehemalige Läufe verfüllt. Im Gegenzug entstanden durch Bodenabbau zwar neue, oft tiefe und große Gewässer (siehe FALKE Sonderheft 2018), diese unterscheiden sich jedoch strukturell meist von den vernichteten flachen und auch periodisch austrocknenden Gewässern und Sümpfen erheblich und sind Lebensraum anderer Tier- und Pflanzenartengemeinschaften.

Einen Ersatz für die vielen verlorenen Flachgewässer können Neuanlagen bieten. Flache Gewässer sind zum Beispiel für Krick-, Knäk- und Löffelenten, Wasserrallen und Tüpfelsumpfhühner geeignete Brutgebiete. Die Gewässer erwärmen sich schnell, produzieren in der Regel viel pflanzliche und auch tierische Biomasse (Insekten, Fische, Amphibien), die für die genannten Vogelarten auch erreichbar ist. Auf trocken fallenden Sand- und Schlammflächen legen Kiebitze und Flussregenpfeifer ihre Nester an, zur Zugzeit nutzen durchziehende Limikolen, wie Waldwasserläufer, Grünschenkel, Dunkelwasserläufer, Zwerg- und Sichelstrandläufer, die nahrungsreichen Flächen.

Der neu geschaffene Lebensraum wenige Tage nach Abzug der Baumaschinen. Zunächst haben sich die angelegten Senken mit Wasser gefüllt.

Foto: T. Brandt. 23.9.2014.

Startschuss für den Vogelschutz

Nach gründlichen Planungen starten im August 2014 im Naturschutzgebiet Meerbruch an der Grenze des Landkreises Nienburg zur Region Hannover ungewöhnliche Aktivitäten: Zwei Bagger ziehen an verschiedenen Stellen einer 14 ha großen Wiese, die keinen Nutzer mehr fand und deren naturschutzfachlichen Wert die Naturschützer vor Ort als gering einschätzten, erst die Grasnarbe und dann die oberste Schicht des stark zersetzten Niedermoorbodens ab. Hier entstehen drei bis zu 80 cm tiefe Senken, jeweils etwa 7000 m^2 groß und ganz unterschiedlich modelliert. Den Aushub bringt ein Kettendumper an den Rand der Fläche und schüttet dort eine flache Verwallung auf. Diese wird später im Winter das Wasser auf der Fläche zurückhalten, welches bei Hochwasser aus einem Fließgewässer und aus dem Steinhuder Meer in die vorher noch durch kleine Gräben entwässerte und nun komplett eingewallte Fläche gelangt. Das Ziel ist, die 14 ha große, ehemalige Grünlandfläche im Winter etwa 20 bis 30 cm hoch (besser: flach) zu überstauen. Im Sommer werden Hitze und Niederschlag den Wasserstand bestimmen und die Wasserfläche schrumpfen lassen. In warmen Sommern darf die Fläche bis auf die von den Baggern angelegten tieferen Stellen austrocknen, wie zum Beispiel in den heißen und niederschlagsarmen Sommern 2018 und 2019 geschehen. In regenreichen Sommern wird die Fläche dagegen dauerhaft unter Wasser stehen, wenn auch der Wasserstand bis auf wenige Zentimeter fallen wird, wie zum Beispiel im Jahr 2017. Die witterungsabhängige Dynamik ist hier aber durchaus erwünscht.

Bei den Bauarbeiten im Niedermoor kamen Bagger, Raupen und Kettendumper zum Einsatz.

Foto: T. Brandt. 12.8.2014.

Erste Besucher

Die Bauarbeiten im Spätsommer 2014 dauern drei Wochen. Währenddessen füllen sich die angelegten Bodensenken bereits mit Grundwasser. Als erste Vögel tauchen Flussuferläufer auf, die zeitweise sogar zwischen den noch arbeitenden Maschinen am Rand der kleinen Wasserflächen nach Insekten suchen. Hunderte Große und Gemeine Heidelibellen nutzen die Pfützen bereits als Eiablageplatz und auch einige Teichfrösche fühlen sich hier schnell zu Hause.

Nach dem Abrücken der Bagger füllt sich das neue Gewässer zunehmend mit Grund- und Niederschlagswasser und Beobachter können bereits fast die gesamte Palette an Limikolen, die durch das Binnenland ziehen, sehen: Kiebitzregenpfeifer, Alpenstrandläufer, Knutts und Sanderlinge sind darunter. Mit zunehmendem Wasserstand rasten Graugänse, die im Oktober eintreffenden Blässgänse und zahlreiche Enten fast aller heimischen Arten auf dem sich gerade entwickelnden Gewässer. Bereits im ersten Winter erreicht das Gewässer den maximalen Wasserstand. Zur Zugzeit vieler Wasservögel im März nutzen über 500 Enten zeitgleich die Wasserfläche, darunter über 200 Löffel-, 25 Spieß-, 30 Knäk- und 150 Krickenten. Zu diesem Zeitpunkt ist noch keine Röhrichtvegetation ausgebildet, nur in den Randbereichen wachsen einige Binsen- und Grasbulten, es gibt noch wenige Brut- und Versteckmöglichkeiten für die Anlage von Nestern. Das ändert sich in den folgenden Jahren schnell: Großer Wasserschwaden, verschiedene Seggen, Rohrglanzgras und Schilf bilden dann mehr oder weniger große Bestände und bieten Teich- und Blässhühnern, Wasserrallen sowie Enten, Graugänsen und Höckerschwänen zunehmend Brutmöglichkeiten. Bereits im zweiten Jahr führen im Juni Schnatter-, Löffel- und Knäkenten ihre Jungvögel über das seichte Wasser. Und auch Kraniche bauen in „Fernglasentfernung" ein Nest, zur Freude der Besucher, die den neu geschaffenen Lebensraum von einem Weg aus gut einsehen können. Leider währt die Freude nicht lange und wenige Tage später ist das Nest ausgenommen, vermutlich von Wildschweinen. Vor Umsetzung der Maßnahme brütete in manchen Jahren ein einzelnes Kiebitzpaar auf dem Grünland, auf den schlammigen Randbereichen des neu geschaffenen Lebensraumes steigt deren Brutpaarzahl auf bis zu fünf Paare an. Einige von ihnen haben im angrenzenden Grünland das erste Gelege zuvor verloren. Für ein Nachgelege kommen den Vögeln die im Laufe des Frühlings frei fallenden und nahrungsreichen Schlammflächen im neuen Lebensraum gerade recht.

Zu den bundesweit selten gewordenen Brutvögeln, die heute im Gebiet brüten, gehört auch die Knäkente.
Foto: B. Volmer. Dümmer, 20.5.2014.

Gegen die Sukzession arbeiten – Pflege mit der Pistenraupe

Mit zunehmender Vegetationsentwicklung wachsen nach zwei Jahren die ersten Gehölze – meist Grau- und Silberweiden, wenige Schwarzerlen – auf. Die sind selbst-

Nach den ersten Winterniederschlägen war der Höchstwasserstand erreicht. Foto: T. Brandt. 17.4.2015.

Schon im ersten Jahr ist die Wasserfläche Treffpunkt zahlreicher Wasservögel. Im Bild Silberreiher, Grau- und Brandgänse, Löffel-, Schnatter- und Stockenten sowie Lachmöwen. Foto: T. Brandt. 16.6.2015.

verständlich nicht grundsätzlich etwas Schlechtes. In diesem Fall aber sind sie unerwünscht, weil Erlenbruchwälder und Weidengebüsche in der Umgebung des neu geschaffenen Lebensraumes bereits großflächig vorhanden sind. Mit zunehmender Vegetationsdeckung aus Büschen und Bäumen würde der neue Lebensraum seinen offenen Charakter verlieren und sich ebenfalls mittelfristig zu einem Bruchwald entwickeln. Um die selten gewordenen Zielarten unter den Vögeln (und auch unter den Amphibien) erhalten zu können, kommt man nicht umhin, gegen die Gehölzsukzession anzuarbeiten.

Für den Mahdeinsatz auf dem nassen, wenn auch stark degenerierten Niedermoorboden kommt nur ein Fahrzeug mit geringem Bodendruck infrage. So wird hier eine leichte Pistenraupe eingesetzt, die anstelle eines Schneeschiebers mit einem Forstmulcher ausgestattet ist. Der Mulcher zerschlägt die aufwachsenden Gehölze bis auf den Boden in kleine Stücke (die wahlweise auch auf einen Container geblasen werden können). Je nach Einstellung und Fahrweise können auch die Wurzeln in der oberen Bodenschicht zerfräst werden. Damit reduziert sich die Wuchsleistung der Büsche – die meisten sterben ab, weil die übrig gebliebenen Gehölzteile verpilzen. Diese effektive Methode der Gehölzbeseitigung ist ohne Frage ein massiver Eingriff. Andererseits ist es in vielen Fällen die einzige Möglichkeit, der Verbuschung von Offenlandlebensräumen wirksam entgegenwirken und diese erhalten zu können. Händisch mit der Motorsäge oder Motorsense auf einem ehrenamtlichen Wochenendeinsatz wird man dem durch den Nährstoffeintrag aus der Luft (vielleicht auch durch zunehmende Sommertemperaturen) geförderten Gehölzwachstum in größeren Flächen nicht mehr Herr. Im Übrigen – dies kam in dem vorgestellten Projekt noch nicht zum Tragen – kann mit solchen oder ähnlichen Maschinen auch Röhricht gemanagt werden, und zwar so, dass es entweder gefördert oder in der Ausdehnung reduziert wird. So oder so, in jedem Fall sind solche Maßnahmen mit anderen Belangen des Naturschutzes sorgsam abzuwägen und gegebenenfalls mit einer entsprechenden Öffentlichkeitsarbeit zu begleiten.

Auf den im Verlauf des Frühlings freifallenden Schlammbänken brüten Kiebitze – hier mit Küken. Foto: C.-D. Böhm. 15.6.2015.

Prädation durch Wildschweine und Füchse

Auch wenn der neu geschaffene Lebensraum heute zahlreichen Wasservögeln als Brutplatz dient, gibt es noch einen Faktor, der die Effizienz der Maßnahme reduziert: Prädation. Mit einer Größe von 14 ha (= 28 Fußballfelder) ist die neu geschaffene Wasserfläche zwar nicht gerade klein, aber immer noch so klein, dass Prädatoren regelmäßig von außen in die Fläche eindringen und einen Teil der Gelege und Jungvögel erbeuten. Kraniche haben es trotz mehrfacher Versuche bislang noch nicht geschafft, hier erfolgreich Junge aufzuziehen. Von den randseitig der Fläche brütenden Kiebitzen führen zwar jährlich ein bis drei Paare Jungvögel, aber meist erst nach Verlust der Erstgelege. Überraschend viele Enten brüten dagegen erfolgreich, wie man an der Zahl der Junge führenden Weibchen sehen kann. Andererseits: Wer weiß schon, wie groß der Anteil der erfolgreich brütenden Enten tatsächlich ist und wie viele Gelege erbeutet werden. Wildschweine und Rotfüchse werden in der Fläche sogar tagsüber häufig beobachtet, Waschbären sind auf Fotofallenbildern zu sehen. Ebenfalls auf Fotos zu sehen sind zunehmend Nutrias. Deren Einfluss auf die Vegetation kann noch nicht bewertet werden. Grundsätzlich aber wird in Zusammenarbeit mit den Jagdpächtern der angrenzenden Flächen versucht, die Zahl der Waschbären, Füchse und Wildschweine (soweit möglich) zu reduzieren.

In kleinen Gewässern ist der Einfluss der Prädatoren, die auf kurzen Wegen in das Gebiet gelangen, unübersehbar. Der Rotfuchs hat erfolgreich Beute geschlagen. Foto: C.-D. Böhm. Meerbruch, 2.4.2016.

Wie man sieht, ist es möglich, für den Schutz (auch seltener) wassergebundener Vogelarten effektive Maßnahmen umzusetzen. Man muss sicher berücksichtigen, dass im vorgestellten Beispiel das Besiedlungspotenzial aus der Umgebung recht groß ist. In den meisten Fällen ist es allerdings nicht damit getan, nach den Bauarbeiten die Hände in den Schoß zu legen. Ansonsten ist die Wahrscheinlichkeit groß, dass die neu geschaffenen Lebensräume „zuwachsen“ und für die Arten offener Gewässer nicht mehr nutzbar sind.

Thomas Brandt

Bauvorgaben und Kosten

Bei dem hier vorgestellten Projekt mussten 18 000 m³ Sand- und Niedermoorboden über durchschnittlich 200 m Entfernung bewegt werden – auf weichem Untergrund. Es entstanden circa 14 000 m² Flachgewässer mit einer Tiefe von max. 80 cm. Eine 800 m lange Verwallung wurde versetzt. Zwei Moorkettenbagger, eine Pistenraupe und ein Kettendumper waren über circa 15 Arbeitstage beschäftigt. Die Kosten für die Bauarbeiten betrugen 2014 knapp 140 000 Euro. Weitere 10 000 Euro kosteten Vermessungsarbeiten, Planung und Antragsvorbereitung, denn für die Maßnahmen war in Niedersachsen eine Plangenehmigung gemäß Wasserhaushaltsgesetz erforderlich.

Aber es geht natürlich auch kleiner. Ein Flachgewässer (welches im Spätsommer auch austrocknen darf) von 2000 bis 3000 m² Größe kann für Wasservögel bereits interessant sein. Die Anlage eines Gewässers in dieser Größenordnung kostet etwa 3000 Euro, wenn man den Boden nicht abfahren muss. Ist das erforderlich, verdoppeln bis verdreifachen sich die Kosten schnell, je nach Transportbedingungen und gegebenenfalls Deponiekosten.

Leichter ist es manchmal, nach Stunden zu kalkulieren. Eine Baggerstunde kostet circa 90 Euro / Stunde plus Umsatzsteuer, der Betrieb einer Raupe etwas mehr, bis zu 180 Euro / Stunde netto, plus Transportkosten. Da die Baubranche derzeit gut ausgelastet ist, sind die Kosten heute teilweise deutlich höher als noch vor fünf Jahren. Die teilweise abstrusen und einen Laien schnell überfordernden Anforderungen (je nach Kosten unterschiedlich) für die Auftragsvergabe – sollten öffentliche Gelder eingesetzt werden – machen unter Umständen die Unterstützung eines Fachbüros erforderlich.

Literatur zum Thema

Brandt T 2017: Beispiel für ein gelungenes Bundesnaturschutzprojekt: Der Meerbruch. Falke, Sonderheft „Vogelschutz – Erfolge, Herausforderungen“: 50-56.

Brandt T, Jülch C, Wasmer K, Weiß F, König C, Moning C, Wagner C 2016: Die 100 besten Vogelbeobachtungsplätze in Deutschland. Aula, Wiebelsheim.

Thomas Brandt ist Diplombiologe und Diplomingenieur für Umweltsicherung. Seit 2001 ist er Mitglied in der Fachredaktion von DER FALKE. Hauptberuflich ist er als wissenschaftlicher Leiter der ÖSSM e. V. beschäftigt. Seit September 2017 ist er Vorsitzender der Niedersächsischen Ornithologischen Vereinigung (NOV).

Höckerschwan beim Landeanflug.
Foto: M. Hansbauer. Nymphenburger Park, München, 31.1.2010.

EINSTIEG IN DIE VOGELBEOBACHTUNG:

Wasservögel beobachten – aber wie?

Artenkenntnis ist wieder gefragt. Mit der Krefelder Studie, dem bayerischen Volksbegehren zum Schutz der Artenvielfalt und Demonstrationen zum „Friday for future" rücken Themen von Umwelt- und Naturschutz plötzlich in die erste Reihe der politischen Forderung. Der Rückgang der Biodiversität gilt nach Aussage der Weltbank als eine der zentralen Bedrohungen der Menschheit, stärker noch als der Klimawandel. Was auch immer die Gründe sind, die Nachfrage nach Naturschutz boomt aktuell. Doch wie kann man den Einstieg finden – den Ausstieg aus der digitalen Welt zurück in die 3D-Welt der Natur? Kann man überhaupt das genaue Hinschauen neu lernen, was Google, YouTube & Co einem im Alltag abgenommen haben?

In Polen beringte und am Ammersee per Spektiv abgelesene Lachmöwe. Foto: M. Hansbauer. Dießen, 13.8.2019.

Vögel zu beobachten ist eine erste gute Möglichkeit dazu. Da Vögel fliegen können, haben sie eine kürzere Fluchtdistanz als zum Beispiel flugunfähige Säugetiere. Speziell Wasservögel lassen sich besonders gut beobachten, denn die offene Wasserfläche bietet meist ungehindert freien Blick auf dort schwimmende Vögel. Diese wiederum fühlen sich durch das Wasser und die weite Sicht auf mögliche Fressfeine besonders sicher und zeigen ein eher unaufgeregtes Verhalten. Der Beobachter hat somit mehr Gelegenheit, die einzelnen Merkmale zu studieren als beispielsweise bei nervösen Singvögeln, die sich in den Zweigen von Büschen und Bäumen verstecken.

Zu den Wasservögeln zählen neben den Enten, Gänsen, Schwänen und Rallen auch die See- und Lappentaucher sowie im weiteren Sinne Reiher, Watvögel und Möwen. Bis auf die beiden letztgenannten Gruppen sind die Artenzahlen überschaubar bzw. die Bestimmungsmerkmale meist so eindeutig, dass man sie schnell erlernen kann.

Bei den Enten liegt die Besonderheit darin, dass die Männchen im Prachtkleid so artspezifisch einzigartig sind, dass sie sehr leicht zu erkennen sind. Schwieriger wird es bei den Weibchen. Für den Beobachtungsneuling hilft es erst einmal, das unbekannte Weibchen dem daneben schwimmenden Männchen zuzuordnen, bis man sie mithilfe einschlägiger Bestimmungsliteratur oder eines Mentors auch unabhängig ansprechen kann.

Los geht's! Ganz einfach

Um Spaß am Beobachten und Bestimmen von Wasservögeln zu haben, braucht man – neben einem guten Fernglas – ein Spektiv. Durch die hohe Vergrößerung lassen sich durch ein Spektiv auch weiter entfernte Vögel auf dem Wasser im Detail betrachten. Ansonsten sind die Bedingungen deutlich leichter als bei vielen anderen Vogelgruppen. Ein Teich, Fließgewässer oder ein See ist meist in erreichbarer Nähe zu finden,

Graureiher, der bei einem Trupp Graugänsen landet. Foto: M. Hansbauer. Ammersee 20.8.2016.

Die Top 10 des Einstiegs in die Wasservogelbeobachtung

1. Ein Gebiet, zum Beispiel einen See in der Nähe suchen. Eventuell dafür Literatur über Vogelbeobachtungsplätze zurate ziehen.
2. Sich mit Bestimmungsbuch oder anderem Vogelführer (zum Beispiel Vogel-App mit Bild und Ton) ausrüsten.
3. Ein Fernglas und möglichst ein Spektiv mitbringen.
4. Sich eventuell einem Begleiter, potenziellen „Lehrer" oder „Mentor" anschließen.
5. An Vogelführungen von Naturschutzverbänden teilnehmen.
6. Regelmäßig Vogelquiz spielen (App oder Internet).
7. Sich erst einmal wenige Arten vornehmen und diese genau anschauen und kennenlernen.
8. Wenige gute Merkmale auswählen und die genau prüfen.
9. Mit Männchen beginnen (zum Beispiel bei Enten), dann die in der Nähe schwimmenden Individuen unter die Lupe nehmen. Sind das die Weibchen?
10. Sich an Erfolgen freuen und diese festhalten in Form von Artenlisten, Fotos oder einer Markierung im Vogelbuch.

und auch künstlich angelegte Gewässer können unter Umständen eine erstaunliche Artenvielfalt bieten, wie beispielsweise die Wasserflächen im Nymphenburger Park in München.

Wasservögel kann man tagsüber beobachten. Man muss dafür nicht besonders früh aufstehen oder gar nachts auf „die Pirsch" gehen. Lediglich Nebel über dem Wasser kann die Sicht eintrüben und mit dem Sonnenstand sollte man aufpassen: Das auf dem Wasser gespiegelte Sonnenlicht sollte man tunlichst nicht durch das Spektiv betrachten.

Freie Sicht und Beobachtungen am Tag bedeuten, dass beim Bestimmen der Wasservögel ganz klar der Sehsinn zum Einsatz kommt. Das deutlich schwierigere Erlernen der Vogelstimmen durch Hören fällt hierbei fast völlig weg. Natürlich rufen auch Enten und manche Ente – wie die Knäkente – hat ihren Namen nach dem Ruf, oder – wie die Schellente – nach dem Klang ihres Flügelschlages, aber für den Anfänger reicht es, sich diesem Thema in einem späteren Schritt zu widmen.

In der Regel sind an Gewässern das ganze Jahr über irgendwelche Wasservögel zu beobachten, außer es hat sich im Winter eine geschlossene Eisdecke gebildet, dann weichen die Vögel an größere Gewässer aus, die noch eisfrei sind. Dies ist mit ein Grund, warum unter anderem im Süddeutschland die Wasservogelbeobachtung im Winter noch interessanter ist. Denn an den großen Seen – Bodensee, Chiemsee, Starnberger See und Ammersee – sammeln sich die rastenden und überwinternden Wasservögel, weil dort genügend erreichbare Nahrung zu Verfügung steht.

Genau hinschauen ohne zu stören

Die großen Winteransammlungen sind sehr attraktiv, aber für den Anfänger natürlich auch herausfordernd, denn die schiere Menge der Vögel kann erst einmal verwirren. Zeit, Geduld, genaues Hinschauen und warme Kleidung sind hier wichtige Voraussetzungen für erfolgreiches Beobachten. Da Enten gerne hybridisieren, wird es oft zusätzlich kompliziert. Spezialliteratur kann hier weiterhelfen.

Andererseits kommen im Winter Seetaucher und Meeresenten ins Binnenland; Arten, die sonst nur am Meer, zum Beispiel an der Nordsee vorkommen. Einen Prachttaucher oder eine Samtente auf seiner Bestimmungsliste abzuhaken, kann auch für einen Neuling weiterer Ansporn sein, genauer hinzuschauen und die Beobachtungskünste zu verfeinern.

Auch die verschiedenen Jugendkleider (zum Beispiel bei Möwen) oder die unterschiedlichen Mauserstadien können erst einmal herausfordernd sein. Gerade bei Enten können die vom Prachtkleid ins Schlichtkleid mausernden Erpel sehr untypisch aussehen. Nachdem die unterschiedlichen Enten- und auch Gänsearten zu verschiedenen Jahreszeiten mausern und oft auch Männchen zeitlich verschoben zu den Weibchen, lassen sich hier keine einfachen Faustregeln aufstellen, die dem Anfänger wirklich helfen. Genaues Hinschauen, zum Beispiel auch auf Form und Farbe des

Diesjährige (weibchenfarbene) Gänsesäger.
Foto: M. Hansbauer, Nymphenburger Park, München, 1.7.2010.

Schnabels, und häufiges Beobachten sind hier gefragt. Übung macht bekanntlich den Meister.

Beobachten ohne zu stören gilt natürlich auch bei Wasservögeln. Man könnte auf die Idee kommen, sich den Wasservögeln in bzw. auf ihrem Element zu nähern, um besser beobachten zu können als vom Land aus. Aber diese Überlegung ist kontraproduktiv, ja sogar sehr störend für die Wasservögel. Wasservögel nutzen die weite Sicht, um potenzielle Feinde rechtzeitig zu erspähen. Bewegungen an Land werden in der Regel als ungefährlich eingestuft, da sich ein Landprädator im Wasser nicht so schnell fortbewegen kann, wie die Vögel auffliegen könnten. Ausnahme bilden Menschen mit „langen Stangen" am Ufer. Vor allem die jagdbaren Stockenten haben gelernt, dass davon eine Bedrohung ausgeht. Dass es sich beim geneigten Vogelbeobachter hierbei um ein Spektiv und nicht um ein Gewehr handelt, können sie allerdings nicht differenzieren.

Objekte, die sich auf dem Wasser bewegen, werden dagegen potenziell eher als Gefahr wahrgenommen. Fluchtdistanzen können hier mehrere Hundert Meter betragen. Auch wenn man möglicherweise ein Boot besitzt oder Anhänger der neuen Trendsportart, dem Stand-Up-Paddling ist, ist es weitaus sinnvoller, die Wasservögel vom Ufer aus zu beobachten, denn die Fluchtdistanz ist deutlich geringer und für den Blick durchs Spektiv ist ein fester Untergrund die bessere Wahl. Vom Ausmaß der Störung, besonders im Winter, ganz abgesehen.

Kampf zweier Stockerpel um ein Weibchen (im Hintergrund).

Foto: M. Hansbauer. Nymphenburger Park, München, 2.12.2008.

Reiherpel im Prachtkleid.

Foto: M. Hansbauer. Nymphenburger Park, München, 9.2.2013.

Von der Beobachtung zum Wissen

Wenn man dann die ersten Schritte als Wasservogelbeobachter getan hat und die Begeisterung geweckt ist, genauer zu schauen und sich intensiver mit der Artbestimmung zu befassen, dann tauchen meist von ganz allein neue Fragen auf. Wie verhalten sich die beobachteten Vögel? Wann schlafen und wann fressen sie? Was fressen sie und wie verhalten sie sich untereinander und gegenüber anderen Arten? In welchen Gewässerbereichen kommen welche Arten vor? Welche Vogelarten sind häufiger und welche nicht so häufig? Wie reagieren die einzelnen Arten beispielsweise auf äußere Einflüsse, seien es Wetterbedingungen oder (menschlich verursachte) Störungen? Das Beobachten von (Wasser)Vögeln ist immer wieder spannend, denn je genauer man hinschaut, desto interessanter werden die Erkenntnisse.

Um an der Beobachtung von (Wasser) Vögeln dran zu bleiben, ist es wichtig, sich seiner Erfolge bewusst zu werden. Hilfreich kann dabei sein, eine Artenliste anzulegen oder eine neu beobachtete Art mit Datum im Vogelbuch zu markieren. Sie werden sehen, mit der Zeit werden es immer mehr werden. Wir wünschen Ihnen viel Freude beim Beobachten!

Miriam Hansbauer, Volker Zahner

Dr. Miriam Hansbauer, Leiterin des Referats Artenschutz des LBV, ist seit 2001 Wasservogelzählerin am Ammersee. Unter anderem ist die Biologin im internationalen Feuchtgebiets- und Kranichschutz aktiv.

Prof. Dr. Volker Zahner arbeitet an der Hochschule Weihenstephan. Sein Lehrgebiet ist die Zoologie und Wildtierökologie sowie die Ornithologie. Die Vermittlung von Artenkenntnis ist ihm ein wichtiges Anliegen.

Lappentaucher, wie dieser Rothalstaucher, müssen ihre Jungen anfangs wärmen; der zweite Altvogel schafft Nahrung für alle Jungen herbei.
Foto: T. Runge. Strandsee Hohenfelde, 13.6.2008.

Zwischen ökologischer Einnischung und zwischenartlicher Konkurrenz:

Lappentaucher in Schleswig-Holstein

Weltweit gibt es 22 Lappentaucherarten, ein Schwerpunkt der Verbreitung ist Südamerika. Gewöhnlich brüten nur zwei, gelegentlich drei Arten in einem Gebiet nebeneinander und das Auftreten von vier oder mehr Arten nebeneinander in einer Region ist selten. In Schleswig-Holstein brüten mit Zwerg-, Hauben-, Rothals- und Schwarzhalstaucher vier Arten, von 1983 bis 2003 brütete als fünfte Art der Ohrentaucher. „Zwei Tierarten können nur dann im selben Gebiet nebeneinander vorkommen, wenn sie sich in ihrer Ökologie unterscheiden" (Lack 1971). Das trifft auf die Lappentaucher in auffälliger Weise zu: Das Nebeneinander ist nicht ganz frei von zwischenartlicher Konkurrenz, was sichtbar zur Bevorzugung bestimmter Gewässertypen durch eine Taucherart führt.

Mit seinem vergleichsweise geringen Anspruch an Nahrung kann der Zwergtaucher auch kleine Gewässer besiedeln. Die geringsten ermittelten Größen von Brutgewässern liegen bei gut 400 m²! Große Gewässer besiedelt er kaum und die bisherigen Vorkommen in der Plöner Seenplatte sind weitgehend wieder aufgegeben worden.

Als kleinster Taucher muss sich der Zwergtaucher dort einnischen, wo die anderen Arten Lücken lassen. Neben der Besiedlung von kleinen Weihern und Teichen ist es vor allem ein zeitlicher Aspekt. Typisch in Schleswig-Holstein ist spätes Brüten, vor allem dort, wo es auch Rothalstaucher gibt, zum Beispiel an den großen Fischteichen (NSG Lebrader Teiche, NSG Kührener Teich). Häufig schlüpfen die Jungen erst Ende Juli bis Mitte August – nachdem die Rothalstaucherfamilien das Schilf verlassen haben. Dort, wo es keine Konkurrenz gibt, brüten Zwergtaucher auch zweimal. Der Anteil von Zweitbruten hat in den vergangenen Jahren deutlich zugenommen, was vermutlich auch die bemerkenswerte Bestandszunahme auf landesweit 1000 bis 1200 Paare dieser Art ermöglicht hat. Ein großes Gelege und eine hohe Jungenproduktivität sind für Zwergtaucher typisch und unterscheiden sie vor allem von den großen Arten.

Haubentaucher brüten in Ermangelung von Schilf auch unter herabhängenden Zweigen, dann oftmals mit geringerem Bruterfolg. Foto: D. Schieder. Ostholstein, 19.5.2016.

Tiefe Seen – Haubentaucher

Die häufigste Lappentaucherart auch in Schleswig-Holstein ist der Haubentaucher mit einem Bestand von aktuell gut 1500 bis maximal 2000 Paaren. Der Verbreitungsschwerpunkt ist neben Westensee und Wittensee immer noch die Plöner Seenplatte mit vielen größeren und tieferen Seen. Hier lebt er von Klein- und Jungfischen und zeigt sich beim Brüten hinsichtlich der Brutzeit und der Nestanlage sehr anpassungsfähig. Wo Röhrichtgürtel klein sind, neigt der Haubentaucher zur Koloniebildung, wo sich Röhricht spät entwickelt, brütet er auch spät.

Flache Gewässer wie Fischteiche werden in Jahren mit hohem Wasserstand zur Brut genutzt.

Trotz dieser Anpassungsfähigkeit hat der Bruterfolg zuletzt dramatisch abgenommen, sodass zuletzt auch der Brutbestand an den bisherigen Schwerpunktgewässern deutlich gesunken ist, vor allem in den Kreisen Plön und im Herzogtum Lauenburg. Von den Großseen des Landes weist nur noch der Westensee einen annähernd stabilen Bestand auf. Noch vor fünfzehn

Zwergtaucher brüten auf pflanzenreichen Weihern und ziehen ihre Jungen überwiegend mit Insektenlarven groß, doch Kleinfische bieten eine hervorragende Nahrung. Foto: T. Runge. Hohenfelder Strandsee, 18.8.2012.

Fische gehören zur selteneren Nahrung des Rothalstauchers, der überwiegend von größeren Insektenlarven lebt.
Foto: T. Runge. Pohnsdorfer Stauung, 2.4.2009.

Jahren war der Große Plöner See mit circa 250 bis 300 Paaren das wichtigste Brutgewässer im Lande.

Fischteiche – Rothalstaucher

Im Vergleich mit dem Haubentaucher besiedelt der etwas kleinere Rothalstaucher bevorzugt Fischteiche und Weiher. Erstere werden oftmals künstlich mit Fischen besetzt, zumindest aber im Winterhalbjahr abgelassen. Weiher als dauerhaft Wasser führende Gewässer sind in den vergangenen Jahrzehnten oftmals im Zuge von Naturschutzmaßnahmen neu entstanden. An solchen Gewässern siedeln sich Rothalstaucher häufig spontan an, erreichen schnell hohe Bestände und nehmen nach wenigen Jahren wieder schnell ab, wenn sich die Lebensbedingungen wieder verschlechtern. Eine Besonderheit ist die sehr dichte Besiedlung von Strandseen an der Ostseeküste. Hier werden die größten bekannten Siedlungsdichten der Art erreicht, doch nutzen die Taucher die Ostsee als Nahrungsgebiet.

Die Großseen sind selten besiedelt, bisher war der Selenter See im Kreis Plön ein bedeutsamer Brutplatz – auch für den Haubentaucher. In solchen Fällen ist eine stark ausgeprägte submerse Vegetation erforderlich, die ein reiches Leben an Wasserinsekten ermöglicht.

Flachgewässer und Gesellschaft – Schwarzhalstaucher

1995 bis 2003 brüteten am Lanker See im Kreis Plön, angelehnt an eine große Möwenkolonie, bis zu 350 Paare Schwarzhalstaucher. Mit dem Zusammenbruch der Möwenkolonie verschwanden auch die Taucher. Die aktuellen Vorkommen befinden sich ebenfalls in Gesellschaft lauter Nachbarn: Lachmöwen am Ruppersdorfer See und Säbelschnäbler im Beltringharder Koog sowie im Fahretofter Westerkoog. Der Schwarzhalstaucher ist wie kein anderer Taucher an temporäre Gewässer (z.B. Überschwemmungen) angepasst. Er hat kleinere Gelege als der Zwergtaucher, eine dadurch kurze Brut- und Aufzuchtzeit erlaubt ihm alleine die Besiedlung von Überschwemmungsflächen – sofern es sie noch gibt. Dort treffen die Taucher in ihrem großen Verbreitungsgebiet fast stets auf Lachmöwen oder Seeschwalben als Brutnachbarn für kurze Zeit. Da in Schleswig-Holstein viele Möwenbrutplätze

Mit lauten Nachbarn auf Tuchfühlung: Schwarzhalstaucher unter Lachmöwen.
Foto: B. Koop. Polder Bugewitz, Vorpommern, 11.5.2013.

über Jahrzehnte stabil waren, gab es auch langjährige Schwarzhalstauchervorkommen. Doch schnelle Ortswechsel sind für den Schwarzhalstaucher typisch – und mit der Vernässung der Peene-Polder in Mecklenburg in den 1990er Jahren hatte der vom Lanker See abgewanderte Schwarzhalstaucher schnell ein potenzielles neues Zuhause. In den vernässten Poldern brüteten Schwarzhalstaucher in sehr großer Zahl neben Lachmöwen und Sumpfseeschwalben.

Am Rande der Verbreitung – Ohrentaucher

Nach dem ersten Brutnachweis 1981 erfolgten bis 2003 zahlreiche Nachweise von ein bis zwei Paaren, anfangs auf Fischteichen benachbart zu Zwergtauchern, 1999 bis 2003 am Lanker See in der Schwarzhalstaucherkolonie. Doch die Lage außerhalb des geschlossenen Verbreitungsgebietes ließ das Vorkommen auch wieder erlöschen – ein neues Auftreten des Ohrentauchers ist nicht ausgeschlossen.

Ohrentaucher sind fast nur Wintergäste in Schleswig-Holstein, die zumeist im April abziehen. Vor allem an der Geltinger Birk kann man ab April Vögel im Prachtkleid sehen. Foto: M. Schäf. Island, 10.7.2013.

Ökologisch fast getrennt – aber nur fast

Die Charakterisierung der Arten zeigt deutlich die ökologischen Präferenzen bezüglich Wassertiefe, Gewässerfläche, Strukturvielfalt und anderer Parameter. Je unterschiedlicher die Taucherarten sind, desto „unproblematischer“ das Zusammenleben. Zwischen Zwergtaucher und Haubentaucher gibt es kaum Überschneidungen und dementsprechend wenig Beeinflussung. An Fischteichen konkurrieren hingegen gleich drei Arten um dieselbe Nahrungsressource. Ein Vorteil für den Rothalstaucher: Er ist der konkurrenzstärkste auf flachen Gewässern. Ein Vorteil für den Zwergtaucher: Er kann spät brüten. Für Haubentaucher sind Fischteiche oftmals zu flach.

Für Schwarzhalstaucher ist das Vorhandensein lebhafter Nachbarn wichtiger als ein breiter Röhrichtgürtel; Notfalls brüten sie auf dem offenen Erdboden auf kleinen Inselchen. Der Ohrentaucher ähnelt am ehesten dem Rothalstaucher in seiner Ökologie.

Eine zwischenartliche Konkurrenz ist vor allem dann zu erwarten, wenn ein Lebensraum von zwei Arten mit ähnlichen Ansprüchen besiedelt ist. 320 Gewässer in Schleswig-Holstein wiesen bisher unterschiedliche Tauchervorkommen und Kombinationen der Arten auf. Kombinationen sind dann häufig, wenn sich die Arten weitgehend in ihren ökologischen Ansprüchen unterscheiden: Zwergtaucher und Rothalstaucher unterscheiden sich im zeitlichen Aspekt, Haubentaucher und Rothalstaucher, sowie Haubentaucher und Zwergtaucher vor allem hinsichtlich der Nahrungswahl.

Kombinationen von drei Arten werden bereits deutlich seltener, insbesondere auf größeren, reicher strukturierten Fischteichen oder buchtenreichen Seen. Wirklich selten und oftmals nur für ein oder wenige Jahre gibt es vier Arten auf einem Gewässer.

In Fällen von mehreren gleichzeitig vorkommenden Arten ist stets eine Art häufig, die anderen selten, selten sind zwei Arten zahlreich. Auf Fischteichen ist zumeist der Haubentaucher selten, auf größeren Seen sind es Zwerg- und Rothalstaucher.

Anpassung und Merkmalsverdrängung

Wo Arten mit ähnlichen Ansprüchen nebeneinander vorkommen, bewirkt der Einfluss zwischenartlicher Konkurrenz eine Verstärkung der vorhandenen Unterschiede – wodurch sich die Konkurrenz vermindert. Lässt sich dies an morphologischen Merkmalen feststellen, wird es als „Character displacement“ bezeichnet – also eine Merkmalsverdrängung. So haben finnische Rothalstaucher dort, wo keine Haubentaucher brüten, stärkere und längere Schnäbel und ernähren sich mehr von Fisch als in Mitteleuropa, wo auch der Haubentaucher als am besten an Fischnahrung angepasste Taucherart auftritt. In Schleswig-Holstein hingegen ist belegt, dass die Familienstärke des Rothalstauchers auf gemeinsam mit Haubentauchern besiedelten Gewässern geringer ist als auf Gewässern ohne Haubentaucher. Dieser Umstand weist zum Beispiel auf eine entsprechende zwischenartliche Konkurrenz hin, die nicht weiter minimiert werden kann.

In Mitteleuropa lebt der Rothalstaucher vielfach von Wasserinsekten (Libellenlarven, Ruderwanzen, Schwimmkäfer und Wasserkäfer inklusive ihrer Larven). Fischteiche mit ihrer Wirbellosenfauna, die durch das regelmäßige Ablassen im Herbst eingeschränkt ist, bieten für Lappentaucher nur dann günstige Lebensbedingungen, wenn die Teichwirtschaft extensiv erfolgt. Das Ablassen im Herbst und Wiederanstau zum folgenden Frühjahr wirkt wie eine Neuschaffung eines Gewässers, da viele Tiere erst zuwandern müssen. Solche Neuschaffungen bewirken zunächst eine bemerkenswerte „Überproduktion" an Pflanzen und Tieren, die dann auch hohe Brutdichten und anfangs bei echten Neuanlagen oft einen überdurchschnittlichen Bruterfolg ermöglichen. In Fischteichen wird diese regelmäßige anfängliche Überproduktion durch das herbstliche Ablassen gezielt herbeigeführt, um einen maximalen Fischertrag zu erreichen. Wenn dann auf Fischbesatz verzichtet wird, steht diese Nahrung den Wasservögeln voll zur Verfügung.

In besonders günstigen Fällen erfolgt die Teichbewirtschaftung als Naturschutzmanagement: Zwar werden die Teiche abgelassen und wieder angestaut, aber auf künstlichen Fischbesatz verzichtet. Solche Teiche sind wahre Taucherparadiese. Eine üppige submerse Vegetation erlaubt zahlreichen Wasserinsekten und Zwergstichlingen eine starke Vermehrung. Dann können Zwergtaucher und Rothalstaucher zeitgleich in hohen Beständen brüten. Das NSG Vogelfreistätte Lebrader Teiche und das NSG Kührener Teich beherbergen aktuell als eine der wenigen Gewässer zeitgleich drei oder vier Lappentaucherarten als Brutvögel.

Die große Zeit der Lappentaucher scheint aktuell auch in Schleswig-Holstein vorüber zu sein, und solche Studien können nur noch in Ansätzen nachvollzogen werden. Der Bruterfolg der großen Arten ist deutlich zurückgegangen, beim Haubentaucher folgte daraufhin ein deutlicher Rückgang des Brutbestandes. Rothalstaucher verlassen zunehmend häufiger ohne Brut das Gewässer, die großen Schwarzhalstaucheransiedlungen sind mit dem Erlöschen der Möwenkolonien in Ostholstein ebenfalls weitgehend erloschen. Einzig der Zwergtaucher weist eine positive oder stabile Entwicklung auf und brütet zunehmend häufiger zweimal im Jahr.

Bernd Koop

Beobachtungstipp: Taucher und ihr Verhalten

An nahezu allen Gewässern Schleswig-Holsteins lassen sich Lappentaucher beobachten, je nach Jahreszeit bei Balz, Jungenaufzucht, Mauser oder Rast und Überwinterung.

In jedem Fall lohnen Exkursionen zu pflanzenreichen und flachen Gewässern, seien es Weiher, Fischteiche oder Strandseen.

Brutplätze mit mindestens drei Lappentaucherarten sind unter anderem das NSG Kührener Teich und Umgebung, das NSG Vogelfreistätte Lebrader Fischteiche, das NSG Sulsdorfer Wiek/Fehmarn oder der Ausstichteich Westermarkelsdorf/Fehmarn. An diesen Gewässern lassen sich die Arten nebeneinander beobachten. Nehmen Sie sich Zeit zum Beobachten und notieren Sie Anzahlen nach Art und Alter getrennt und achten Sie auf das Verhalten und die Nahrung.

Große Mauseransammlungen von vor allem Haubentauchern gibt es aktuell nur am Selenter See im August. Dort ruhen die Vögel viel auf dem Wasser, lassen sich bei der Nahrungssuche beobachten (oft gemeinsam mit Kormoranen, Möwen und Seeschwalben). Beim Flügelschlagen erkennt man manchmal, dass die Schwungfedern fehlen. Auf den Strandseen der Ostsee mausern oftmals Gruppen der Zwergtaucher, zumeist aber erst Ende August/Anfang September.

Unter den überwinternden Tauchern fallen vor allem die Haubentaucherscharen an den mittelgroßen und großen Seen auf, daneben an bestimmten Abschnitten der Küste, so an der Geltinger Birk (Hauben- und Ohrentaucher) und in der Eckernförder Bucht (Haubentaucher). Überwinternde Schwarzhalstaucher gibt es als Besonderheit am Großen Plöner See und in der Hohwachter Bucht.

Mit Ihrer detaillierten Meldung auf www.ornitho.de tragen Sie zur Aktualisierung des Wissens um die Arten bei!

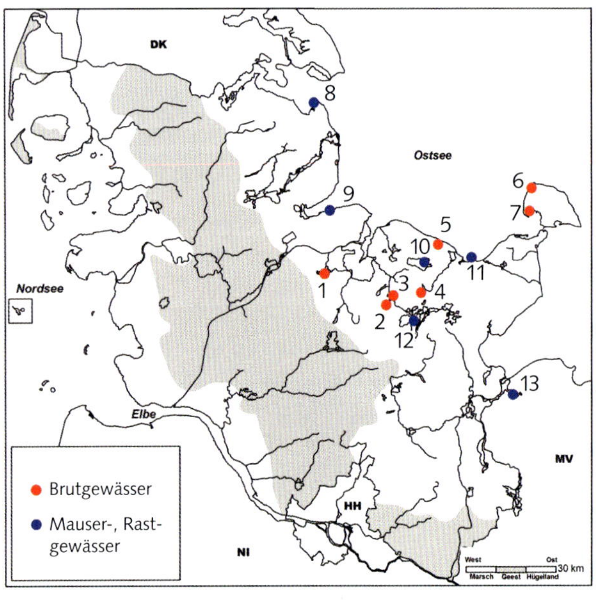

Brutgewässer:
1 Westensee
2 Kührener Teich
3 Lanker See
4 Lebrader Teiche
5 Hohenfelder Strandsee
6 Ausstichteich Westermarkelsdorf
7 Sulsdorfer Wiek

Mauser- und Rastgewässer:
8 Geltinger Birk
9 Südufer Eckernförder Bucht
10 Selenter See
11 Ostsee vor Sehlendorf
12 Großer Plöner See
13 Dassower See

Karte: Kartengrundlage OAGSH, Bearbeitung: B. Koop.

Literatur zum Thema

Berndt R, Drenckhahn K &D 1990: Vogelwelt Schleswig-Holsteins, 2. Auflage. Bd. 1, Wachholtz.

Fjeldså J 2004: The Gebes Podicipedidae, Bird Families of the Word. Oxford University Press, Oxford.

Koop, B 1998: Ist der Schwarzhalstaucher ein r-Stratege? Populationsdynamik und Habitatwahl unter dem Einfluß interspezifischer Konkurrenz. Corax 17: 199-214.

Lack, D 1971: Ecological isolation in birds. Blackwell Scientific Publications, Oxford, London, Edinburgh.

Spletzer, F 1990: Zur vergleichenden Ökologie der Lappentaucher – Podicipedidae – Zwischenartliche Konkurrenz und Habitatwahl. In: Berndt, R. K. & D. Drenckhahn (1990): Vogelwelt Schleswig-Holsteins. Bd. 1, 2. Auflage, Wachholtz.

Vlug JJ 2017: The red-necked Grebe – a Monograph of a Vociferus Inhabitant of Marshy Lakes. Der Rothalstaucher – Monographie eines lautstarken Bewohners von vegetationsreichen Flachgewässern. Corax 23, Sonderband 1.

Bernd Koop ist Diplom-Biologe mit den Arbeitsschwerpunkten Vogelmonitoring, Vogelzug, Naturschutz sowie „Problemvogelarten". Seit 1996 leitet er Exkursionen und hält Vorträge an der Universität Kiel. Seit 2011 hat er bei der OAGSH die avifaunistische Leitung inne.

Der Falke Journal für Vogelbeobachter

DIGITAL

Was immer Sie aus der Welt unserer heimischen Vögel auch suchen: Auf der DVD „DER FALKE digital“ werden Sie fündig! Über 12.000 Seiten aus 25 Jahrgängen mit allen Texten und Bildern laden ein zum Stöbern, Suchen und Entdecken. Die integrierte Volltextsuche macht Recherchen bequem und einfach. Eine ideale Ergänzung zu Ihrem wertvollen Heftarchiv oder ein preisgünstiger „Einstieg“ für neue Abonnenten – ganz wie Sie möchten!

DER FALKE digital
Sämtliche Ausgaben von 1995 – 2019
auf DVD-ROM, über 12.000 S.
ISBN 978-3-89104-832-0, Best.-Nr. 315-01211
Sonderpreis für FALKE-Abonnenten: € 19,95
(statt € 29,95)

Dieser FALKE-Bildband fasst die beeindruckendsten Momente aus „DER FALKE“ in 16 lebendigen Bildsequenzen, wie Balz, Paarung, Tarnung, Nahrungssuche usw. zusammen. Ein einführender Text begleitet und erläutert die jeweiligen Fotostrecken. Die Bildlegenden sind zusätzlich mit dem Hinweis versehen, in welchem FALKE-Heft vertiefende Informationen zu finden sind. Die beteiligten Fotografen, die in diesem Buch ihre brillanten Momentaufnahmen vorstellen, wollen die Betrachter und Leser inspirieren, mit geschultem Blick das muntere Treiben der Gefiederten zu beobachten und im richtigen Moment auf den Auslöser zu drücken.

Faszinierende Vogelmomente
Der FALKE Bildband
184 S., 297 Farbfotos, geb., 21 x 28 cm.
ISBN 978-3-89104-829-0, Best.-Nr. 315-01208
Sonderpreis für FALKE-Abonnenten: € 19,95
(statt € 29,95)

Preisstand 2020, zzgl. Versandkosten.

AULA-Verlag GmbH • Industriepark 3 • 56291 Wiebelsheim • Tel.: 06766/903-141 • Fax: -320
E-Mail: vertrieb@aula-verlag.de • **www.aula-verlag.de**

Bis zu 50 000 Gänse nutzen in den Herbst- und Wintermonaten die grenzüberschreitende Region Neusiedler See. Foto: K. Schneider.

GRENZÜBERSCHREITENDE GRAUGANSFORSCHUNG AM NEUSIEDLER SEE:

Gänse, wohin man schaut

Im April geht's los: Wenn die ersten Graugansfamilien die Nistplätze im Schilfgürtel des Neusiedler Sees verlassen und auf die Wiesen und Weideflächen im Umfeld wandern, sind sie das prägende Bild im Nationalpark Neusiedler See - Seewinkel. Gänse gibt es hier überall und das ganze Jahr über zu sehen, auch das Logo des zusammen mit dem angrenzenden Fertö-Hanság Nemzeti Park auf ungarischer Seite der Grenze etwa 320 km² großen Schutzgebietes zieren drei Gänseköpfe – eingefärbt in den Landesfarben der beiden Anrainerstaaten des Neusiedler Sees.

In erster Linie ist es die Graugans, von der im Zusammenhang mit dem Neusiedler See-Gebiet die Rede ist. Sowohl im Sommerhalbjahr wie auch im Winter ist diese Art in großer Zahl hier anzutreffen.

Aber auch andere Gänsearten spielen – vor allem im Winterhalbjahr – eine Rolle. Je nach Witterung kommen hochnordische Blässgänse ab November in die Pannonische Tiefebene. Bis zu 50 000 Individuen überwintern dann am Neusiedler See. Bis in die 1990er Jahre fanden sich auch regelmäßig über 20 000 Saatgänse in der Region um den See ein. Diese haben allerdings zuletzt ihre Zugwege geändert und überwintern nun bevorzugt in Nordwestdeutschland und Holland. Die wenigen weiterhin am Neusiedler See überwinternden Saatgänse sind meist eher auf der ungarischen Seite des Gebietes anzutreffen. Darüber hinaus kommen auch noch weitere Gänsearten in geringer Anzahl in die Region. So sind mit etwas Glück und viel Geduld Seltenheiten wie Weißwangengänse, Rothalsgänse und Zwerggänse regelmäßig zu beobachten.

Winterliche Zählungen

Schon ab den 1980er Jahren wurden die überwinternden Gänsescharen im Neusiedler See-Gebiet regelmäßig gezählt. Seit 2001 sind diese Zählungen fixer Bestandteil des vom Nationalpark Neusiedler See - Seewinkel in Kooperation mit BirdLife Österreich durchgeführten Ornithologischen Monitorings. Von Oktober bis Februar werden jeweils an einem Samstag zur Monatsmitte vor Sonnenaufgang die traditionellen Schlafplätze der Gänse umstellt. Schon im Vorfeld der Zählung wurden die Gewässer – meist handelt es sich dabei um die Lange Lacke und den südlichen Teil des Neusiedler Sees – von Ornithologen aufgesucht, um abschätzen zu können, wohin die Gänse ausfliegen. Jeder Zähler hat einen bestimmten Abschnitt, in dem alle überfliegenden Gänse erfasst werden. Im Idealfall kommen die Gänsescharen in kleineren und größeren Trupps geflogen und lassen sich ohne Schwierigkeiten zählen. Es kommt aber auch vor, dass Tausende Gänse sich gleichzeitig in die Luft erheben und dann als eine große dunkle Gänsewolke über die Köpfe der ebenso beeindruckten wie bei ihren hektischen Zählversuchen fast verzweifelnden Vogelforscher hinwegziehen. Ausgelöst werden solche Ereignisse meist durch Störungen, etwa jagende Seeadler, manchmal ist für uns Menschen aber auch keine Ursache ersichtlich. Durch Zählungen auf den Nahrungsflächen unter Tags werden die Resultate noch einer Kontrolle unterzogen, sodass am Ende realistische Zahlen angegeben werden können. Nur manchmal lässt sich beim besten Willen keine seriöse Angabe über die Bestände machen. Das passiert dann, wenn sich dichter Nebel hartnäckig in Bodennähe hält und die Sicht so eingeschränkt ist, dass man zwar die Rufe der Vögel vernimmt, aber einfach keine Vögel zu sehen sind. In solchen Fällen heißt es also abwarten und die Zählung durchführen, sobald die Nebel sich – vielleicht erst nach ein paar Tagen – gelichtet haben.

Von großer Bedeutung ist bei den winterlichen Gänsezählungen auch die grenzüberschreitende Zusammenarbeit mit den Kollegen des Nationalparks Fertö-Hanság auf ungarischer Seite des Gebietes. Da die Gänse wechselweise Nahrungsflächen in Österreich und Ungarn anfliegen, wäre es ohne diese jahrzehntelangen Synchronzählungen nicht möglich, den Bestand rastender und überwinternder Gänse im Neusiedler See-Gebiet sinnvoll zu beziffern.

Seid fruchtbar und vermehret euch

Wenn die nordischen Gänse sich wieder auf den Weg in ihre Brutgebiete machen, haben die heimischen Graugänse längst ihre Brutplätze im Schilfgürtel des Neusiedler Sees besetzt. Sobald die Familien im April und Mai mit ihren putzigen gelben Jungen die Weide- und Wiesenflächen rund um die Salzlacken aufsuchen, sind sie für viele Besucher des Nationalparks die Hauptattraktion.

Schon um die Wende vom 19. zum 20. Jahrhundert berichteten damalige ornithologisch interessierte Besucher der Region von der Graugans als häufigem Brutvogel. In den 1960er Jahren schätzte man den Bestand im gesamten Neusiedler See-Gebiet auf rund 250 bis 300 Brutpaare. In weiterer Folge kam es zu einem Populationsanstieg, sodass in den 1980er und frühen 90er Jahren von etwa 400 Brutpaaren ausgegangen wurde. Der positive Trend hielt auch weiter an, Zählungen aus den Jahren 2012 bis 2014 ergaben einen Gesamtbestand von 1500 bis 1800 Brutpaaren rund um den Neusiedler See. Dazu kommt noch eine Zahl von 7000 bis 8000 nicht brütenden Graugänsen. In den letzten beiden Jahren ergaben die Zählungen allerdings wieder wesentlich weniger Junge führende Paare. Grund dafür sind sehr wahrscheinlich ungünstige Witterungsbedingungen – Spätfröste oder Schlechtwetterperioden rund um die Zeit des Schlüpfens der Gössel.

Wohin und zurück?

Zwar sind Graugänse im gesamten Jahresverlauf im Neusiedler See-Gebiet zu beobachten, aber handelt es sich dabei immer um dieselben Gänse? In den Jahren 1984 und 1987 wurden rund 200 Junggänse mit Halsmanschetten markiert. Ziel dieses Pro-

Benny Knes (links) und Harry Grabenhofer (rechts) beim Anbringen eines GPS-Senders.

Foto: C. Leopoldsberger. 22.6.2018.

Aktuelle Gänseforschung im Nationalpark Neusiedler See - Seewinkel (NPNS) / Fertö-Hanság (FHNP)

Programm	Finanzierung	Durchführung
Zählung durchziehender und überwinternder Gänse	NPNS (Ornithologisches Monitoring) / FHNP	BirdLife Österreich & NPNS / FHNP
Erhebung Brutbestand und Nichtbrüter Graugans	Biologische Station Illmitz / FHNP (EU-Interreg Vogelwarte 2)	BirdLife Österreich / FHNP
Markierung und Beringung Graugans	Biologische Station Illmitz / FHNP (EU-Interreg Vogelwarte 2)	BirdLife Österreich / FHNP
Besenderung Graugänse	NPNS / FHNP (EU-Interreg Vogelwarte 2)	NPNS / FHNP

jekts war es, anhand der Ablesedaten die Zugwege sowie die Rast- und Überwinterungsgebiete der Neusiedler See-Brutpopulation der Graugans zu erforschen. Im Laufe der folgenden Jahre konnten so größere Datenmengen gesammelt und ein recht klares Bild gezeichnet werden. Die am Neusiedler See brütenden Graugänse verließen demnach im August das Gebiet und kehrten erst im Herbst nach einer Schleife über Tschechien und Südpolen wieder zurück. Gut dokumentiert werden konnte auch ein winterlicher Zugweg nach Tunesien, wo am Ichkeul See einige im Neusiedler See-Gebiet markierte Gänse beobachtet wurden.

Besonders beeindruckend konnte die Lebensgeschichte der Gans mit der Halsmanschette X69 nachgezeichnet werden. Beringt am 23. Juni 1987 am Illmitzer Zicksee, zuletzt lebend gesehen am 30. Mai 2005 ebenda in Begleitung seiner Partnerin und von vier Gösseln, konnte Martin – wie der Vogel nachträglich genannt wird – insgesamt 36-mal an Rastplätzen in Österreich, Tschechien, Polen, Ungarn und Tunesien entdeckt werden. Das Rekordalter von 18 Jahren dürfte Martin nicht überschritten haben. Im Winter 2005/2006 fand ein Mitarbeiter des Nationalparks die aufgebrochene Halsmanschette X69, vermutlich fand die lange Reise also in der Nähe ihres Beginns ein Ende. Aber wer weiß – Spuren eines Kampfes, Federn oder gar ein Gänseskelett konnten in der Umgebung nicht festgestellt werden.

Die letzten Winter seines Lebens verbrachte Martin zumindest teilweise im Neusiedler See-Gebiet, einmal auf ungarischer, dann wieder auf österreichischer Seite. Die stark gestiegenen Mittwinterbeobachtungen von Graugänsen warfen die Frage auf, ob sich das Zugverhalten der hiesigen Brutpopulation eventuell geändert haben könnte und speziell der Zugweg nach Tunesien erloschen sei. Eine von Kollegen des Nationalparks Fertö-Hanság besenderte Graugans überwinterte 2014/2015 in der Toskana – sollte dort vielleicht ein neues Winterquartier „unserer" Gänse sein?

Neue Forschung mit EU-Fördermitteln

Im 2016 bis 2020 laufenden EU-Interreg-Projekt „Vogelwarte/Madárvárta 2" spielt die Gänseforschung am Neusiedler See seit 2017 eine wesentliche Rolle. Die Projektpartner Nationalpark Fertö-Hanság, Nationalpark Neusiedler See - Seewinkel und BirdLife Österreich als Auftragnehmer des Projektpartners Biologische Station Illmitz bearbeiten in diesem Projekt ein breites Spektrum an Fragen die Brutpopulation der Graugans am Neusiedler See betreffend. Die Erfassung von Junge führenden Paaren und nicht brütenden, aber zur Brutpopulation zu zählenden Graugänsen wird nun in ständiger Abstimmung und mit gleicher Methodik sowohl im ungarischen wie auch im österreichischen Gebietsteil durchgeführt.

Fangen und Markieren

Der zentrale Inhalt der Gänseforschung in den letzten Jahren ist die Beringung und Markierung sowie das Besendern von Graugänsen. Was den zum Beringen notwendigen Fang der Tiere betrifft, kann glücklicherweise auf die Erfahrungen der ungarischen Kollegen gebaut werden. Auch einige im Projekt aktive Mitarbeiter von BirdLife Österreich waren schon in den 1980er Jahren bei den damals durchgeführten Fangprogrammen dabei und können ihr Know-how nun bestens einbringen. Die Idee klingt relativ einfach: Wenn die Gänse nicht fliegen können, kann man sie fangen. Der Umstand, dass Gänse ihr Großgefieder auf einmal mausern und dann für kurze Zeit nur sehr schlecht oder gar nicht fliegen, soll also genutzt werden. Junge führende Graugänse erlangen ihre Flugfähigkeit dann in etwa zeitgleich mit ihren diesjährigen Jungen wieder. Man sollte also mit etwas Glück, Geschick und guter Vorbereitung ganze Familien in die Hände bekommen. Soweit die Theorie, in der Praxis braucht es dann doch etwas mehr. Koordiniert von Beate Wendelin (BirdLife Österreich) und unter tatkräftiger Mithilfe weiterer BirdLife- und Nationalpark-Mitarbeiter wurden im Vorfeld jeder Fangaktion tagelang geeignete Fangplätze gesucht und das Verhalten der dortigen Gänsefamilien analysiert. Wann wandern die Gänse von ihrem Schlafplatz am Wasser auf die Äsungsflächen? Wo besteht die Möglichkeit Zäune aufzustellen, um die Gänse hineinzutreiben?

Wer Gänse fangen will, muss früh aufstehen, denn im Juni wird es früh hell. Noch in der Nacht wurden die Zäune aufgestellt, wenn um etwa 5:30 Uhr die Gänse zu wandern beginnen, muss alles bereit sein. Und dann geht es los. 200 oder mehr Gänse bewegen sich langsam auf die Absperrungen zu, die ersten Elterntiere scheinen zu erkennen, dass irgendetwas nicht stimmt. Zurück geht es aber auch nicht, denn hinter den Gänsen nähern sich langsam etwa zwanzig bis dreißig Ornithologen aus Österreich und Ungarn. Dann geht alles recht schnell. Manche Gänse fliegen doch und entkommen, ein Teil läuft in die Absperrungen, andere versuchen die Flucht zu Fuß – hinterdrein die Vogelforscher, die bald die gefangenen Gänse in die vorbereiteten Jutesäcke stecken. Eine größere Gruppe Gänse hat versucht, sich in höherer Vegetation zu verbergen, diese Tiere können ganz einfach eingesammelt werden.

Knapp 300 Graugänse wurden in den letzten Jahren im Nationalpark Neusiedler See - Seewinkel mit Halsmanschetten markiert. Foto: S. Freiler. NP Neusiedler See - Seewinkel, 27.6.2018.

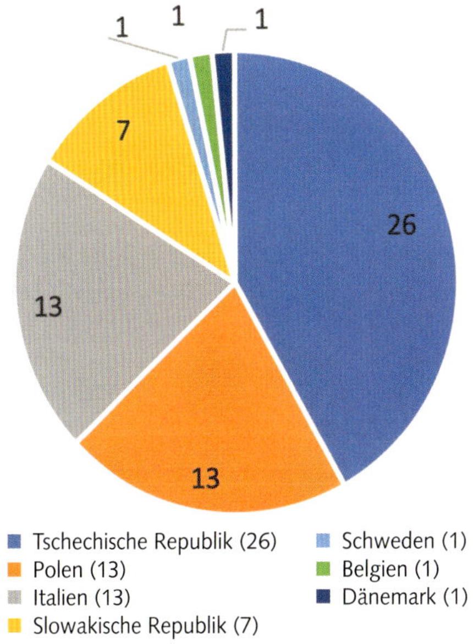

Graugans-Rückmeldungen 2017 bis August 2019 nach Ländern (ohne Österreich und Ungarn).

Nach nicht einmal zehn Minuten ist der Spuk vorbei und rund 70 bis 80 Graugänse warten in den Jutesäcken auf ihre neuen Hals- und Bein-Accessoires. Während die ersten Gänse markiert werden, beginnen einige Kollegen bereits mit dem sorgfältigen Abbau der Zäune, denn die werden ja für die nächste Fangaktion wieder gebraucht. In den folgenden Tagen werden die markierten Gänse intensiv gesucht und tatsächlich können alle wohlauf mit ihren teils ebenfalls markierten, teils unberingten Familienmitgliedern beobachtet werden.

Mit Auslaufen des Projektes im Jahr 2020 sollen im grenzüberschreitenden Neusiedler See-Gebiet insgesamt rund 550 Gänse mit Halsmanschetten versehen werden und 26 GPS/GSM-Sender in Verwendung sein. Wie eng und unkompliziert die Zusammenarbeit zwischen österreichischen und ungarischen Kollegen abläuft, zeigt sich nicht nur daran, dass bei jeder Fangaktion Mitarbeiter aus beiden Ländern dabei waren. Weil die 300 weißen Halsmanschetten mit den Codes T00 - T99, K00 - K99 und V00 - V99 zu spät geliefert wurden, stellten die ungarischen Kollegen kurzerhand 200 gelbe Halsmanschetten mit Codes wie zum Beispiel H372 zur Verfügung. Im Gegenzug werden dann die weißen Halsmanschetten bei Fängen auf ungarischer Seite verwendet. Viele der markierten Gänse haben also einen Metallring der Österreichischen Vogelwarte am Fuß und eine Manschette aus Ungarn am Hals – und umgekehrt.

Erste Ergebnisse

Bis dato wurden auf österreichischer Seite des Neusiedler See-Gebietes seit 2017 281 Graugänse beringt und mit Halsmanschetten versehen. Das intensive Nachsuchen und die insgesamt große Dichte von Beobachtern am Neusiedler See bewirkten, dass bis August 2019 3082 Ablesungen registriert werden konnten. Dabei betrifft ein Großteil Beobachtungen aus Österreich (2116) und Ungarn (904). Meldungen aus anderen Ländern treffen noch eher spärlich und mit zeitlicher Verzögerung ein. Um fundierte, statistisch abgesicherte Aussagen zu Wanderungen und Migrationsmustern zu treffen, bedarf es noch einer größeren Anzahl von Rückmeldungen. Bei den bisher 62 gemeldeten Beobachtungen aus Gebieten abseits des Neusiedler Sees zeichnet sich aber ein erster Eindruck ab. Neben Meldungen aus Tschechien, der Slowakei und Polen gibt es auch Ablesungen aus Italien und Einzelmeldungen aus Schweden, Dänemark und Belgien.

Es ist natürlich anzunehmen, dass in den nächsten Jahren noch eine Vielzahl von Rückmeldungen eintrifft und so ein besseres Bild der Wanderbewegungen der Neusiedler See Grauganspopulation gezeichnet werden kann.

Ab April sind überall im Neusiedler See-Gebiet Grauganspfamilien unterwegs und stellen für Besucher des Nationalparks eine Attraktion dar. Foto: A. Schneider. NP Neusiedler See -Seewinkel, 27.4.2010.

Unter ständiger Beobachtung

Im Vergleich zur herkömmlichen Markierung mit Halsmanschetten können aus finanziellen Gründen nur wesentlich weniger Gänse mit GPS/GSM-Sendern ausgestattet werden. Andererseits liefert die moderne Technik aber zuverlässig große Datenmengen. Im Jahr 2018 wurden bei Fangaktionen auf österreichischer Seite 16 adulte Graugänse mit Sendern versehen. Nachdem die Gänse wieder unterwegs waren, warteten die Forscher gespannt auf die ersten Daten. Nach ein paar Stunden kam die Erleichterung – alles funktioniert, alles bewegt sich, offenbar sind alle Gänse wohlauf. Anfangs hielten sich alle 16 Tiere noch im Bereich der Fangorte auf, es war ja noch Juni und die Gössel noch nicht flugbereit. Ab Juli kam dann aber Bewegung in die Sache. Eine Gans flog nach Zentralungarn, drei über Tschechien nach Ostdeutschland. Andere Gänse verließen ebenfalls das im Sommer 2018 sehr trockene Neusiedler See-Gebiet und flogen zum Kis-Balaton in Ungarn und später weiter nach Kroatien. Ein einheitliches Bild lässt sich also auch mit den Senderdaten noch nicht erkennen, vielmehr entsteht auch hier der Eindruck, die am Neusiedler See brütenden Graugänse nutzen große Teile Mitteleuropas und suchen bestimmte Gebiete immer wieder auf. Wenn die Bedingungen passen, bleiben sie dann eben eine Weile dort. Der sehr milde Winter veranlasste keine unserer besenderten Gänse zu einer größeren Reise nach Süden. Anfang des Jahres 2019 waren dann alle wieder zurück im Brutgebiet – bis auf die, die es leider nicht geschafft haben. Die regelmäßig gesendeten Daten erlauben auch Einblicke in das Leben und gegebenenfalls eben auch Sterben der Tiere.

Johanna – Familienurlaub in Ostdeutschland

In der Nähe des Seebads Illmitz, am Rand des Schilfgürtels des Neusiedler Sees, wurde am 25. Juni 2018 fast eine komplette Gänsefamilie gefangen und markiert. Die Gans wurde mit einem Sender ausgestattet, vier Gössel erhielten Halsmanschetten, nur ein Gössel und der Ganter wurden nicht erwischt. Die folgenden Tage verbrachte die Familie noch weiter in der Nähe, Ende Juli kamen die Daten dann zuerst aus Tschechien und ab Ende August aus Sachsen und Brandenburg. Im November trat Johanna die Rückreise an, die 680 km bis zum Neusiedler See wurden in rund acht Stunden zurückgelegt. Die Gans war also wieder da. Aber was war mit dem Rest der Familie? Waren alle noch zusammen und am Leben? Da sich Johanna im Seebad Illmitz aufhielt, sollte das gut überprüfbar sein. Also rasch hingefahren und tatsächlich – Johanna graste mit den vier ebenfalls markierten Junggänsen, einem unmarkierten Gössel und einem ebenfalls unmarkierten Partner auf der Wiese. Es ist also davon auszugehen, dass die ganze Familie die Reise gemeinsam gemacht hat. Den Winter verbrachte Johanna im Neusiedler See-Gebiet, die Brutsaison 2019 verlief für sie weniger erfolgreich. Mitte April wurden sie und ihr Partner noch mit vier Gösseln beobachtet, die Jungvögel waren aber bald

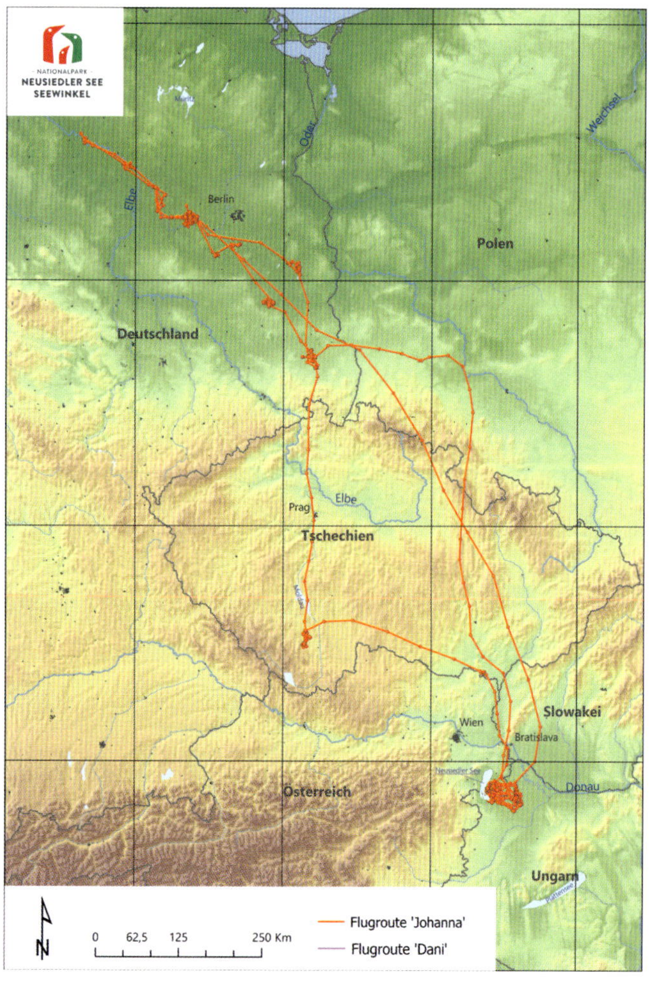

Bewegungen von Graugans „Johanna" (X13) von Juni 2018 bis September 2019.

Karte: Michael Kuttner, GIS NP Neusiedler See.

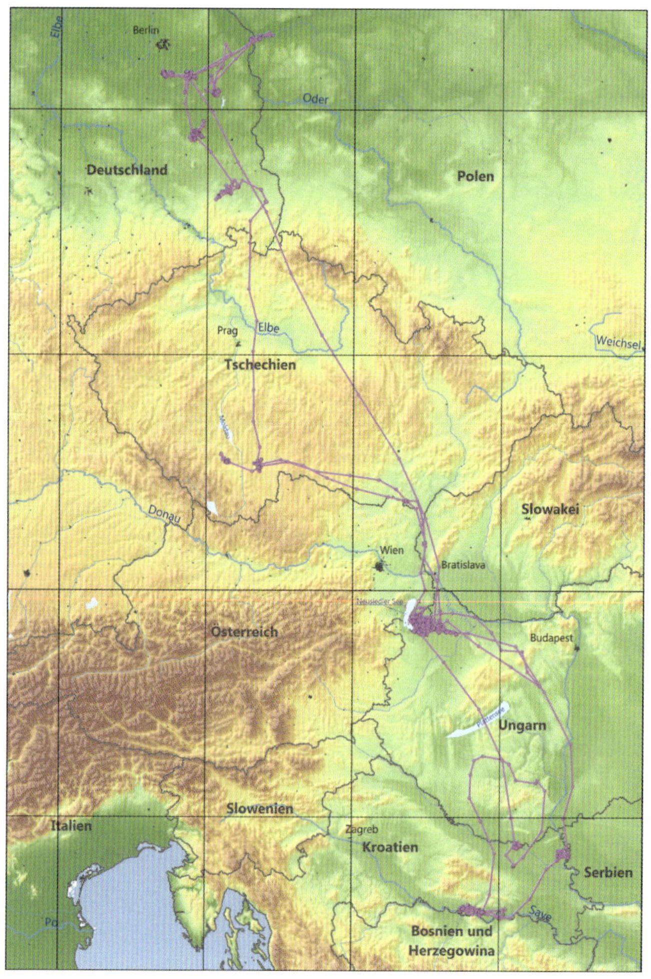

Bewegungen von Graugans „Dani" (X08) von Juni 2018 bis August 2019.

Karte: Michael Kuttner, GIS NP Neusiedler See.

nicht mehr zu sehen. Danach entdeckten wir Johanna noch einmal zusammen mit einem der markierten Gössel des Vorjahres, Mitte August flog sie dann – diesmal ohne die mit Junggänsen offenbar notwendigen Zwischenstopps – wie im Vorjahr in die Ost-Havelniederung.

Andi und Mitzi – ein „Liebespaar“

Der Zufall wollte es, dass zwei miteinander verpaarte Gänse mit GPS-Sendern versehen wurden. Und man muss sagen, Andi und Mitzi erfüllen die Vorstellung einer Gänseehe recht gut. Ob im Neusiedler See-Gebiet, am Kis-Balaton oder an der kroatischen Drau – seit ihrer Markierung am 25. Juni 2018 waren sie immer gemeinsam unterwegs. Von 29.10. bis 01.11.2018 unternahmen sie eine kurze Ungarn-Rundreise, die vom Kis-Balaton bis in die ostungarische Hortobagy-Puszta und zurück an den Neusiedler See führte. Dabei zeigte sich, dass die Graugänse große Bereiche als Lebensraum nutzen und einzelne Gebiete sehr gezielt anfliegen.

Dani – der Umtriebige

Manche Gänse sind offenbar wanderfreudiger als andere, unser Vielflieger war Dani. Im Spätsommer in Ostdeutschland und Polen, im Winter dann in Slawonien in Kroatien – insgesamt bereiste er in den vierzehn Monaten, die er verfolgt werden konnte, neun Staaten und legte dabei über 10 000 km zurück. Eine Strecke von 580 km – nahe Berlin bis an den Neusiedler See – flog er in etwa fünfeinhalb Stunden, also mit einer Durchschnittsgeschwindigkeit von über 100 km/h. Leider endete seine Reise im August 2019 abrupt vor dem Lauf eines Jagdgewehrs in der Nähe von Budweis in Böhmen. Schade – das Potenzial für weitere spektakuläre Ausflüge wäre durchaus vorhanden gewesen.

Füchse, Jäger, Straßenverkehr – Gustav, Willi, Josie, Niki und Chris

Wie Dani erging es leider auch einigen weiteren besenderten Gänsen. Gustav wurde ebenfalls ein Opfer der Gänsejagd, Willi wurde wahrscheinlich von einem Auto angefahren. Josie kollidierte möglicherweise zuerst mit einem Auto und wurde dann von einem Fuchs weggetragen – jedenfalls lassen die Daten das vermuten. Niki wurde wie auch Chris von einem Fuchs gerissen. Obwohl wir auch diese Gänse natürlich gerne länger verfolgt hätten, liefern diese Daten auch Einblicke in die Todesursachen unserer Graugänse.

Alles live im Internet

Ein wesentlicher Aspekt der Besenderung von Graugänsen im laufenden Projekt ist es, die Wege dieser Vögel für eine interessierte Öffentlichkeit sichtbar zu machen. Über die App „Animal Tracker“ des Max-Planck-Instituts für Verhaltensbiologie in Radolfzell wird dieser Anspruch unkompliziert erfüllt. Jeder kann unsere Gänse Flo, Maya, Andi, Mitzi, Michi, Alex, Toni, Gretl, Johanna, Hugo, Kim und Ulli auf ihren Wegen verfolgen – und das hoffentlich noch lange.

Und sie tun es doch

Obwohl wir in den letzten Jahrzehnten sehr viel über die Graugänse am Neusiedler See gelernt haben, schaffen die Tiere es trotzdem immer wieder, uns zu überraschen. Anfang des Jahres zeigte sich, dass drei besenderte Graugänse am Westufer des Neusiedler Sees im Schilfgürtel brüteten. Da alle drei aber 2018 etwa 6 km östlich des Sees gefangen und mit GPS-Sendern ausgestattet wurden, stellte sich die Frage, wo diese Gänse heuer ihre Jungen aufziehen würden. Würden sie am Westufer bleiben, wo es auch kleinere Aufzuchtgebiete gibt? Oder würden sie über den See schwimmen? Die zweite Möglichkeit wurde im Kollegenkreis diskutiert und letztlich für sehr unwahrscheinlich gehalten. Immerhin geht es um eine Strecke von mindestens 4 km über die offene Wasserfläche des Neusiedler Sees. Nur kurze Zeit später wurden wir eines Besseren belehrt. Als eine Gänsefamilie mit Dunenjungen mitten auf dem Neusiedler See beobachtet wurde, warteten wir gespannt, ob „unsere“ Gänse das auch versuchen würden. Und tatsächlich lieferten die GPS-Sender kurz darauf entsprechende Daten. Die Gänsefamilien schwammen also tatsächlich eine gut 4 km lange Strecke über offenes Wasser – und das in knapp zwei Stunden.

Harald Grabenhofer

„Dani“ – unsere reisefreudigste Gans – hatte es immer schon eilig.

Foto: D. Leopoldsberger. NP Neusiedler See - Seewinkel, 25.6.2018.

Gänseforschung zum Mitmachen!

Über die App „Animal Tracker“ des Max-Planck-Instituts für Verhaltensbiologie in Radolfzell ist der aktuelle Aufenthaltsort unserer besenderten Gänse jederzeit ersichtlich. Die App steht kostenlos zum Download für iOS- und Android-Geräte zur Verfügung. Damit man bestimmte Tiere später auch wiederfindet, können diese als Favoriten gespeichert werden, auch das Melden von Beobachtungen ist möglich. Die Mitarbeiter des Nationalparks Neusiedler See - Seewinkel versuchen auch Informationen zu den Gänsen zu liefern. Um mehr über unsere Gänse, ihr Leben und ihre Gewohnheiten zu erfahren, brauchen wir möglichst viele Beobachtungsdaten. Sollten Sie irgendwo eine markierte Gans entdecken, versuchen Sie bitte den Code abzulesen und melden Sie Ihre Beobachtung an die jeweils zuständige Vogelwarte oder direkt an die Projektbeteiligten (h.grabenhofer@nationalpark-neusiedlersee-seewinkel.at oder beate.wendelin@aon.at). Von besonderem Interesse ist dabei natürlich auch, wenn zwei oder mehrere markierte Gänse gemeinsam unterwegs sind. Vielen Dank!

Harald Grabenhofer arbeitet seit zwanzig Jahren im Nationalpark Neusiedler See - Seewinkel. Seit 2018 ist er Leiter der Fachabteilung „Forschung, Monitoring & Citizen Science“.

An winterlichen Ansammlungen von Wasservögeln lassen sich verschiedenste Arten unter einfachen Bedingungen fotografieren. Foto: H.-J. Fünfstück. München, 22.12.2007.

BEOBACHTUNG MIT DER KAMERA:

Wasservogel-Fotografie

Naturbeobachtung, insbesondere Vogelbeobachtung, erlebt derzeit in Deutschland einen Aufschwung. Die steigenden Zahlen neuer Beobachter und Beobachterinnen auf der Plattform *ornitho.de* spiegeln dies wider. Viele der Meldungen, nicht nur die von Seltenheiten und Ausnahmegästen, werden mit zum Teil sehr guten Fotos belegt – was die Arbeit der avifaunistischen Kommissionen durchaus erleichtert. Der Hauptgrund, dass so viele Vogelbeobachter auch zu Vogelfotografen werden, ist aber wohl eher schlichtweg der Wunsch, eigene Beobachtungen wie früher in einem Album zu sammeln und sie sich ab und zu wieder anzuschauen.

Der Jagd- und Sammeltrieb in uns ist noch nicht erloschen. Selbstverständlich freut sich jeder, wenn seine Bilder für Vorträge genutzt oder in Printmedien veröffentlicht werden und Beobachtungsplätze am Wasser sind nicht nur wegen der hohen Artenvielfalt in nahezu allen Monaten, sondern auch landschaftlich attraktiv. Etliche solcher Topgebiete hat DER FALKE in den letzten Jahren als Beobachtungstipp publiziert. Aber auch in Städten mit größeren Flüssen und/oder größeren Parkanlagen und künstlich angelegten Stillgewässern ist es unter Umständen möglich, sogar Seltenheiten zu beobachten und im Bild festzuhalten. Diese Gewässer haben zudem den Vorteil, dass sich hier die Mehrzahl der Schwimmvögel eher zutraulich verhält und nicht wie in der freien Kulturlandschaft größere Fluchtdistanzen einhält. Auch nehmen die Vögel oft angebotenes Futter an. Das betrifft sowohl Brutvögel als auch Wintergäste, und so ist es in Hamburg, Stuttgart oder München möglich, an einem Tag 20 bis 30 Wasservogelarten zu sehen und zu fotografieren, ohne Eintritt für einen Zoo entrichten zu müssen.

Regeln und Ausrüstung

Bei der Fotografie von Wasservögeln muss man, wie bei der gesamten Naturfotografie, natürlich einige Spielregeln beachten.

Vögel dürfen laut Naturschutzgesetz an ihren Ruhe- und Fortpflanzungsstätten nicht gestört werden und die Nestfotografie ist allein schon deshalb ein Tabu. Im Nymphenburger Park aus der Entfernung eine brütende Graugans zu fotografieren, sollte jedoch kein Problem sein. In der freien Natur ist so etwas nicht erlaubt bzw. wird nicht geduldet – abgesehen davon, dass man sich hier zum Beispiel den Ärger der Mitbeobachter einhandelt, auch der Ganter wird bei zu weiter Annäherung auf den Fotografen losgehen und versuchen, diesen zu vertreiben. Zuerst kommt also das Tier und erst dann kommt das Bild!

Zum Fotografieren braucht man Rüstzeug. Die Kameraausrüstung ist eine Anschaffung, für die man – je nachdem was man möchte – eine große Summe hinlegen kann oder auch nicht. Gerade innerhalb von Städten gelingen manchmal schon mit kleinen digitalen Fotoapparaten brauchbare oder gute Aufnahmen. Moderne Bridgekameras mit ihren guten Zoommöglichkeiten ersparen es Vogelbeobachtern oft, zusätzlich zur Beobachtungsausrüstung weitere kiloschwere Ausrüstung mit sich herumzuschleppen. So wiegt allein ein sehr gutes 500 mm-Objektiv mit dem Kameragehäuse schon mal sechs oder mehr Kilogramm. Dann noch ein kleineres Wechselobjektiv oder gar noch ein Stativ und Spektiv und die Zehn-Kilo-Marke ist schnell überschritten. Als Alternative und vor allem für große und sehr große Entfernungen bietet sich die Digiskopie, die Fotografie durchs Spektiv, an. Auch wenn die Ergebnisse manchmal, je nach Licht und Entfernung, nicht unbedingt an die Qualität einer Spiegelreflexausrüstung heranreicht, so hat man auf diese Art und Weise öfter die Möglichkeiten, sehr selten auftretende Schwimmvögel auf große Distanzen, wie man früher sagte, „auf die Platte zu bannen“. Zum Glück haben moderne Teleobjektive mittlerweile einen Bildstabilisator, der es ermöglicht, aus der Hand, also ohne Stativ zu fotografieren. Sollten Sie aber aus einem Tarnzelt oder längere Zeit vom selben Platz aus fotografieren, dann ist ein Stativ schon eine sinnvolle und wertvolle Hilfe. Nur so braucht man die Optik nicht dauernd hochhalten und kann im richtigen Moment auslösen.

Der Aufnahmewinkel macht's

Ungeübte Vogelfotografen und Anfänger machen oft denselben Fehler: Man fotografiert, eigentlich müsste man sagen man knipst, den Vogel von oben nach unten. Dadurch wird das Aussehen des Vogels jedoch total verändert. Gute Naturfotografen stellen sich vor dem Betätigen des Auslösers das Bild vor, wie es dann aussehen soll. Grundsätzlich gilt, mit seinem Motiv immer auf einer Ebene zu sein, damit die Perspektive das Motiv nicht verzerrt. Das bedeutet also runter in die Knie, auf einen niedrigen Hocker, auf ein Boot oder einfach ins Wasser. Letzteres ist sowohl in Parkgewässern oder im Winterhalbjahr das größte Problem. Wenn man aber soweit ist, dann hat man den ersten wichtigen Schritt vom „Knipser“ zum Vogelfotografen schon geschafft. Die Bildausbeute wird gleich anders wirken. Unter Umständen ist es aber nicht möglich, auf die Höhe des Fotomotivs zu kommen. Dann helfen oft eine längere Brennweite und ein Foto aus größerer Distanz. Sollen die Wasservögel nicht an Futterstellen oder Ähnlichem fotografiert werden, dann muss man von

Stockenten von der Seite zeigen die richtigen Proportionen und Erkennungsmerkmale. Bei der Stockente von oben lässt sich nicht einmal die Kopfform erahnen.

li: Kochelsee, 22.12.2007. oben: Uffing, 14.10.2019. Fotos: H.-J. Fünfstück.

Anfang an mehr Zeit investieren bzw. einplanen. Unter Umständen ist es möglich, aus einem treibenden Boot gute Fotos zu bekommen. Versuchen Sie aber nicht, hinter den Vögeln herzufahren. Erstens ist das eine nicht erlaubte Störung und zweitens kommen Sie so nur zu Fotos von Vögeln auf der Flucht. Schwimmt ein Vogel jedoch auf die Kamera zu, kann man ruhig treibend im Boot abwarten und kommt sicher zu brauchbaren Bildern.

Tarnung ist alles

Meist lassen sich Vögel nicht einfach so fotografieren, wie man es gerne hätte, denn auch wenn es sich häufig um größere Arten handelt, so sind sie meist sehr scheu. Ein hervorragendes „Tarnzelt" ist das Auto. Da aber an Wasservogelplätzen meist das Befahren von Wegen und Straßen verboten ist, hilft es hier also wenig. Tarnzelte sind einfach zu kaufen und in der Regel erschwinglich. Mit etwas Geschick kann man sich seine Tarnzelte selbst herstellen. Die Tarnung soll es dem Fotografen ermöglichen, sich der gewünschten Art zu nähern, oder – im besseren Fall – sollen sich die Tiere an das Versteck gewöhnen, sich völlig normal verhalten und so gute Motive bieten. Daher sollte man die Tarnung der Umgebung und der Jahreszeit anpassen, denn in einer verschneiten Winterlandschaft ist beispielsweise die typische Fleckmustertarnung eher auffällig. Auch hohe Tarnzelte sind nicht immer die erste Wahl.

Dank der Verstädterung und der damit einhergehenden Vertrautheit lassen sich von vielen Arten ohne großen Aufwand gute Bilder machen. Ein gutes Beispiel ist der Haubentaucher, unsere größte Lappentaucherart. An vielen Orten kann man den brütenden Altvogel auf seinem Schwimmnest gut fotografieren. Innerorts und auf vielen Staustufen hat er eine solch kleine Fluchtdistanz, dass es oft sogar gelingt, die Familien mit den Jungvögeln zu fotografieren. Apropos Familie, häufig angestrebte Fotos gesamter Familien sind nicht für alle Arten natürlich. Bei allen Entenarten führen nur die Weibchen den Nachwuchs. Sollte sich bei einem Entenschoof also ein Männchen aufhalten, so kann das der Elter sein, muss aber nicht. Mit der Brutaufzucht hat dieser Vogel aber gewiss nichts am Hut. Die Männchen verlassen die Weibchen, oft sogar die Brutgewässer, sobald sich die Weibchen auf dem Gelege befinden oder die Jungvögel schlüpfen. Die Vögel sind dann auf störungsarme, aber nahrungsreiche Gewässer angewiesen, wo sie ihr Großgefieder wechseln und für mehrere Wochen flugunfähig sind. In dem sogenannten Schlichtkleid sehen die Männchen dann aus wie eine andere Art, was oft bei Einsteigern zu Verwirrung führt. Eine Herausforderung ist es, von einer Stockente alle möglichen Kleider – es sind mindestens fünf – fotografisch festzuhalten. In den meisten Fällen werden eher die prächtigen Erpel oder Weibchen mit ihren kleinen Dunenjungen abgelichtet. Die Weibchen und Erpel im Schlichtkleid sind jedoch ebenso mehr als ein Bild wert.

An der hohen Sitzposition kann man erkennen dass die Jungvögel geschlüpft sind. Foto: H.-J. Fünfstück. Eibsee, 10.6.2019.

Badender Stockerpel im Schlichtkleid.

Foto: H.-J. Fünfstück. Steinwiesen, 17.8.2008.

Der Faktor Licht

Selbstverständlich spielt Licht eine sehr große Rolle. Grauer Himmel oder zu viele Bäume am Ufer bewirken grau oder grün erscheinendes Wasser. Dabei würde man doch am liebsten schwimmende oder tauchende Vögel im blauen Wasser fotografieren. Es liegt natürlich immer im Auge des Betrachters oder des Fotografen, wie er sein Bild gestalten will, aber bei manchen Vogelarten kann nicht blaues Wasser den ökologischen und biologischen Ansprüchen sogar eher entsprechen. Genau hier liegt ein weiterer Punkt, den man bei der Naturfotografie beachten sollte: Jede Art hat ihre speziellen Ansprüche an den Lebensraum, die sich unter Umständen je nach Jahreszeit ändern können. Sind Teichhühner und Zwergtaucher eher zwei Wasservogelarten, die meist in stärker verkrauteten und bewachsenen Stillgewässern leben, so suchen verschiedene Arten wie Gänse oder Möwen die Freiwasserzone im Winter zum Übernachten auf. Am Tage sind sie oft jedoch auch auf Grünland anzutreffen. Die Pfeifente dagegen ist eine Art, die man tagsüber meist ruhend auf den Gewässern antrifft, da sie erst abends zum Fressen auf die Wiesen und Weiden geht. Im Winterhalbjahr jagen Lappen- und Seetaucher meist früh und abends in Ufernähe, den restlichen Tag sind sie jedoch oft weitab vom Ufer zu finden. Verschiedene Verhaltensweisen, wie die aufwendigen Balzrituale einiger Arten oder Enten bei der Gefiederpflege, sind gern fotografierte Motive. Beachten Sie aber auch hier die Richtung, aus der das Licht scheint. Rückenlicht, am besten weiches Morgen- oder Abendlicht, liefert die schönsten Resultate, wenn es um die einzelnen Farben geht. Badende Enten, Schwäne oder Gänse ergeben im Seiten- und Gegenlicht sehr schöne Stimmungen. Auch bei Sonnenaufgang bzw. -untergang ist es möglich, schöne, stimmungsvolle Fotos zu machen. Und auch dann kann man mit Übung die Arten noch unterscheiden, da sie fast alle eine charakteristische Silhouette aufweisen. In nahezu allen Situationen ist grelles Mittagslicht das schlechteste, da das Licht hart wirkt. Leichter hat man es vermeintlich mit den Schwänen. Oft sind jedoch Fotos der weißen, adulten Schwäne in hellerer Umgebung bei grellem Licht entstanden und total überbelichtet. Diverse Fotoprogramme können hier eventuell noch etwas ausrichten, aber versuchen Sie doch bitte, Ihre Fotos nicht am PC zu machen.

Und denken Sie beim Begriff Wasservögel nicht nur an Schwäne, Gänse oder Enten. Seeschwalben, Möwen oder Rallen sind Vogelfamilien, die ebenfalls mehr oder weniger am Wasser leben. Selbst der Eisvogel oder die Wasseramsel werden oft gerechtfertigt zu den Wasservögeln gezählt und geben besonders schöne Fotomotive ab.

Hans Joachim Fünfstück

Hans-Joachim Fünfstück ist seit 1981 Mitarbeiter der Staatlichen Vogelschutzwarte Garmisch-Partenkirchen. Seit 1999 ist er Mitglied der Fachredaktion von DER FALKE.

Vom Eisrand ins kalte Nass zur Nahrungssuche: die Wasseramsel.

Foto: H.-J. Fünfstück. Garmisch-Partenkirchen, 27.1.2017.

Besonderes Schmuckwerk der prächtig gefärbten Eisentenmännchen sind ihre langen Schwanzspieße.
Foto: A. Auniņš. Ostsee vor Lettland, 29.3.2012.

RÜCKZUGSGEBIETE MIT UNGENÜGENDEM SCHUTZ:

Meeresenten in der deutschen Nord- und Ostsee

Meeresenten stehen im Fokus von Naturschützern, seit in ihrem wichtigsten europäischen Überwinterungsgebiet, der Ostsee, massive Bestandseinbrüche festgestellt wurden. Die Ursachen dieser dramatischen Abnahmen konnten bisher nicht eindeutig identifiziert werden. Deutschland trägt besondere Verantwortung, denn die deutschen Seegebiete gehören zu den wichtigsten Überwinterungsgebieten der europäischen Meeresenten. Aber obwohl sich die meisten Meeresenten hier in Schutzgebieten aufhalten, bleiben sie aufgrund bisher unzureichender Managementmaßnahmen weiterhin Gefährdungen durch menschliche Aktivitäten ausgesetzt.

Sowohl aufgrund ihrer hohen Zahl als auch ihres prachtvollen Erscheinungsbilds gelten Meeresenten in der Ostsee als Charaktervögel der Offshorebereiche. Zusammen mit anderen Wasservogelarten zählen sie hier zu den wichtigsten und besonders beeindruckenden Elementen des Ökosystems. In großen Ansammlungen überwintern die vier häufigsten europäischen Meeresentenarten, Eiderente, Samtente, Trauerente und Eisente, in landnahen Bereichen sowie küstenfern auf Flachgründen. Basierend auf ostseeweiten Erfassungen in den 1990er Jahren wurde ihr Mittwinterbestand zusammengefasst auf über 7 Millionen Individuen geschätzt. Nachfolgende Erfassungen in den Jahren 2007 bis 2009 brachten jedoch alarmierende Ergebnisse: Der Bestand überwinternder Meeresenten war stark eingebrochen. Vergleiche mit den früheren Zahlen ließen bei allen vier Meeresentenarten auf Bestandsreduktionen von 50 bis 66 % schließen. Auf der Roten Liste der überwinternden Vogelarten der Ostsee werden sie deshalb als stark gefährdet eingestuft und bis auf die Trauerente, die zuletzt eine positive Bestandsentwicklung gezeigt hat, auch auf der globalen Roten Liste der Weltnaturschutzunion IUCN als gefährdet bzw. auf der Vorwarnliste geführt.

Gefährdungen auf allen Wegen

Meeresenten sind sowohl in den Brutarealen als auch in den Überwinterungsgebieten einer Reihe von Gefährdungen ausgesetzt. In den Brutgebieten handelt es sich dabei neben Lebensraumveränderungen um Jagd und Prädation. In den Überwinterungsgebieten führen verschiedene anthropogene Gefährdungen wie Stellnetzfischerei, Bejagung und Ölverschmutzung zu erhöhter Sterblichkeit. Nachteilig wirken auch Störungen durch Schiffsverkehr, Habitatverlust durch Offshore-Windparks und Schifffahrtsstraßen und die Beeinträchtigung und Zerstörung von Nahrungsgründen durch bodenberührende Fischerei sowie Sand- und Kiesabbau. Diese Effekte setzen die Kondition der Tiere herab und können so zu erhöhter Sterblichkeit bzw. einem geringeren Bruterfolg führen. Welche Gründe maßgeblich für die Bestandsentwicklung verantwortlich sind und ob vor allem ein zu geringer Bruterfolg oder eine zu hohe Sterblichkeit ursächlich für die starken Rückgänge der Meeresenten sind, konnte bislang nicht geklärt werden.

Besonders wichtig sind daher nun die Beobachtung der weiteren Bestandsentwicklung im Rahmen des Monitorings und der Schutz vor bestehenden Gefährdungen.

Monitoring in Deutschland

Im Rahmen des Marinen Biodiversitätsmonitorings überwacht das Forschungs- und Technologiezentrum Westküste (FTZ) der Christian-Albrechts-Universität zu Kiel mit finanzieller Unterstützung und in Zusammenarbeit mit der Abteilung Meeresnaturschutz des Bundesamts für Naturschutz (BfN) das Vorkommen von Seevögeln in den deutschen Offshorebereichen. Mit regelmäßigen flug- und schiffsgestützten Erfassungen werden Daten zum Bestand und zu den Verteilungsmustern der überwinternden Enten gewonnen. Im Offshorebereich der schleswig-holsteinischen Nordsee wird das Seevogelmonitoring vom FTZ im Auftrag der Nationalparkverwaltung im Landesbetrieb für Küstenschutz, Nationalpark und Meeresschutz Schleswig-Holstein (LKN SH) durchgeführt. Darüber hinaus gibt es gezielte fluggestützte Erfassungen der Meeresentenvorkommen in der schleswig-holsteinischen Ostsee im Auftrag des Landesamts für Landwirtschaft, Umwelt und ländliche Räume und jeweils im Sommer und Winter Flugerfassungen der Eiderentenvorkommen in den Wattbereichen der deutschen Nordsee im Auftrag der Nationalparkverwaltungen Schleswig-Holstein und Niedersachsen.

Neben dem bloßen „Köpfe zählen" werden im Marinen Biodiversitätsmonitoring weitere Daten erhoben. Mithilfe digitaler Fotografie werden Untersuchungen zur Populationsstruktur, insbesondere zum Geschlechterverhältnis und zum Jungvogelanteil durchgeführt. Dadurch sind Rückschlüsse auf den Bruterfolg und den Zustand der Population möglich.

Eine wichtige Voraussetzung für die Entwicklung geeigneter Maßnahmen sind räumlich und zeitlich hoch aufgelöste Informationen zu Gefährdungen der Meeresenten. Deshalb werden im Monitoring auch Daten zu anthropogenen Nutzungen gesammelt, zum Beispiel zu Fischereiaktivität und Schiffsverkehr. Auf Basis dieser Daten werden Informationen zur Bedeutung anthropogener Aktivitäten gewonnen und besonders sensible Gebiete und Jahreszeiten identifiziert.

Deutschland mit hoher Verantwortung

Deutschland trägt besondere Verantwortung für die europäischen Meeresenten, denn die deutschen Seegebiete, insbesondere die Ostsee, gehören zu den bedeu-

Wie bei allen Meeresenten gibt es unter den überwinternden Samtenten deutlich mehr Männchen als Weibchen. Foto: J. Morkūnas. Litauen, 10.11.2016.

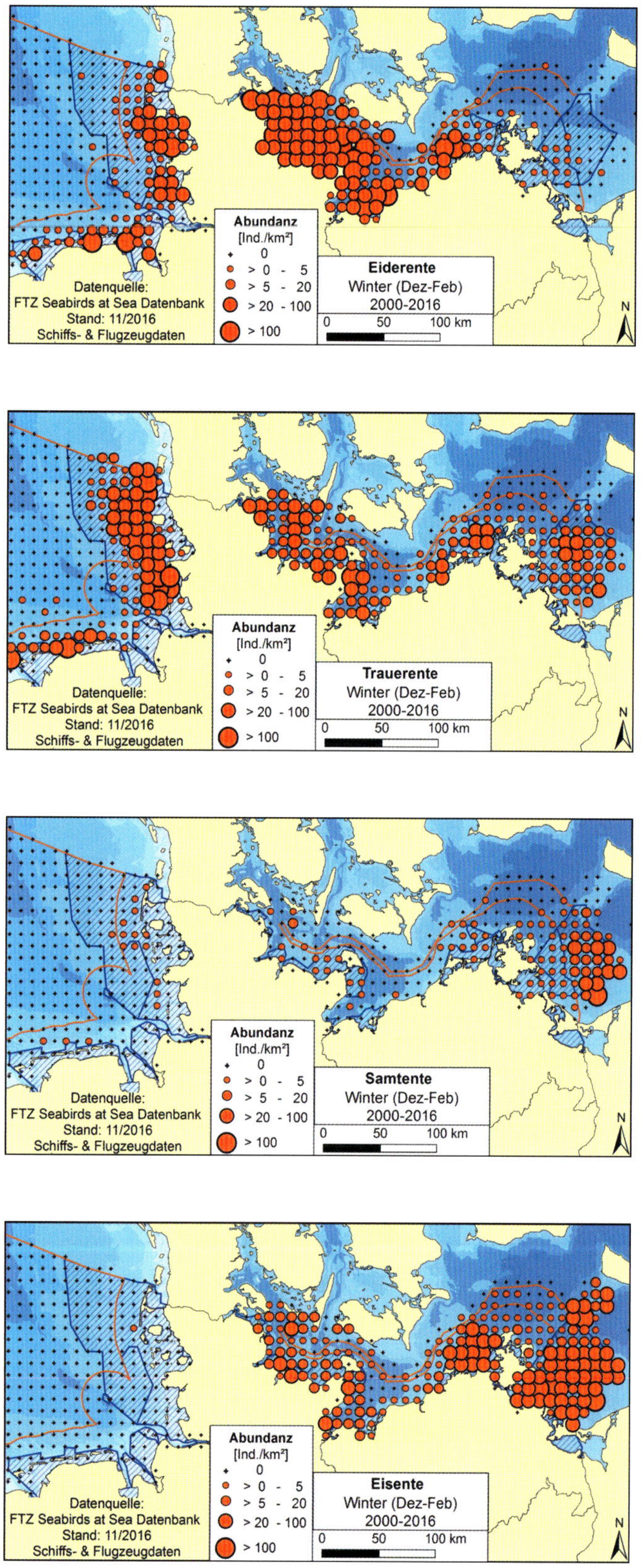

Verteilung von Eiderenten, Trauerenten, Samtenten und Eisenten im Winter in den deutschen Seegebieten nach schiffs- und fluggestützten Seabirds at Sea-Erfassungen im küstenfernen Bereich von Nord- und Ostsee. Die Vogelschutzgebiete sind blau schraffiert. Nicht dargestellt sind bei der Eiderente die Erfassungsergebnisse der gezielten Eiderentensurveys in den Wattenmeerbereichen der deutschen Nordsee.

Datenquelle: Marines Biodiversitätsmonitoring BfN/FTZ-Universität Kiel, Offshore-Seevogelmonitoring im Küstenmeer SH Nordsee im Auftrag der LKN-NPV SH und Forschungsdaten des FTZ.

tendsten Überwinterungsgebieten von Eiderente, Samtente, Trauerente und Eisente. Die deutschen Seegebiete beherbergen im Winter je nach Art 20 bis 60 % der biogeographischen Population. Während Eiderenten und Trauerenten sowohl in Nord- als auch Ostsee in hohen Zahlen vorkommen, sind die Vorkommen von Samt- und Eisente fast ausschließlich auf die Ostsee beschränkt.

Die großräumig beobachteten Bestandsrückgänge von Eis- und Eiderenten spiegelten sich zunächst auch in der Entwicklung der deutschen Winterbestände wider. Der Winterbestand der Eisente in der deutschen Ostsee hat seit dem Jahr 2000 um 40 % abgenommen. In den letzten Jahren sind die Zahlen überwinternder Eisenten jedoch wieder angestiegen und liegen nun bei 355 000 Tieren. Zuletzt zeigten die Winterbestände aller vier Meeresenten eine positive Entwicklung mit besonders starken Zunahmen von Eider-, Trauer- und Samtente. Herausragend ist der Winterbestand der Trauerente, der zusammengerechnet für die deutschen Meeresgebiete bei über 1 Million Tiere liegt.

Nur die Eiderente ist auch Brutvogel in Deutschland. Mit 1000 bis 1400 Paaren brütet hier allerdings nur ein sehr kleiner Teil der auf eine Million Individuen geschätzten Ostsee/Wattenmeerpopulation.

Im Sommer halten sich hier aber nicht nur die ansässigen Brutvögel, sondern auch zigtausende Übersommerer und Mauservögel auf. Die Eiderenten ziehen sich dafür in die entlegensten Bereiche des Wattenmeeres zurück, um die sensible Mauserzeit möglichst ungestört zu verbringen. Auch die Trauerenten mausern entlang der Nordseeküste. Mehr als 300 000 Tiere halten sich in den flachen störungsarmen Küstengewässern zur Mauser auf, vor allem im schleswig-holsteinischen Küstenmeer. In der deutschen Ostsee nutzen 125 000 Trauerenten zusammen mit knapp 2000 Samtenten die küstenfern gelegene Oderbank zur Mauser.

Teamwork gefragt

Um die Entwicklung der Meeresentenpopulationen tatsächlich beurteilen zu können, bedarf es des Blicks über den Tellerrand bzw. über die nationalen Grenzen. Im Brutgebiet sind die Meeresenten weit verstreut in unzugänglichen Gebieten. In den Überwinterungsgebieten aber konzentrieren sich die Tiere in großen Ansammlungen und sind dort vergleichsweise leichter zu erfassen. Aber auch im Winter nutzen Meeresenten einen großen Raum. Im Fall der Trauerente erstreckt sich das Überwinterungsgebiet bis nach Mauretanien.

Die Meeresentenvorkommen entwickeln sich dabei in den verschiedenen Gebieten unterschiedlich. Während sich die Zahlen überwinternder Eisenten in Deutschland und Polen zuletzt eher positiv entwickelt haben, wurden in schwedischen Gewässern, die insgesamt den größten Anteil der Eisenten in der Ostsee beherbergen, weiter starke Abnahmen registriert. Estland und Finnland wurden zunehmende Meeresentenbestände prophezeit, da man annahm, dass die Vögel in den durch Klimaveränderungen länger eisfrei bleibenden Gewässern neue Überwinterungsgebiete erschließen würden. Bisher wurden allerdings keine besonders großen Eisentenansammlungen dort beobachtet. Bekannt ist, dass zumindest ein Teil der Eisenten im Weißen Meer überwintert. Auch hier gibt es keine deutlichen Anzeichen, dass die Entenvorkommen zugenommen haben. Allerdings erschweren der dunkle Winter und die logistischen Herausforderungen quantitative Erfassungen in den arktischen Gewässern.

Bei Eiderenten ist der für Meeresenten typische Geschlechtsdimorphismus besonders stark ausgeprägt.
Foto: K. Borkenhagen. Deutsche Ostsee, 16.2.2016.

Auch die Überwinterungsgebiete von Eider-, Trauer- und Samtenten sind in Wandlung begriffen. Im Wattenmeer und in Dänemark wurden starke Abnahmen von Eiderenten verzeichnet. In der deutschen Ostsee hat sich der Winterbestand dieser Art über die letzten Jahrzehnte jedoch verdoppelt. Trauer- und Samtenten scheinen eine westwärts-Bewegung zu vollziehen. In Litauen und Polen sind die Samtentenzahlen rückläufig, in Deutschland und Dänemark dagegen deutlich angestiegen. In Deutschland hat sich die Trauerente im Winter aus der Pommerschen Bucht stark zurückgezogen und nutzt nun verstärkt die westlichen Bereiche der deutschen Ostsee. Gleichzeitig ist auch in Polen der Winterbestand der Trauerenten auf wenige Zehntausend Tiere gesunken. Im Frühjahr und Herbst jedoch halten sich Trauerenten zu Hunderttausenden in den deutschen und polnischen Bereichen der Pommerschen Bucht auf.

Angesichts des großen Verbreitungsgebiets der Meeresenten, ihrer saisonalen Bewegungen und der beobachteten Verlagerungen ihrer Überwinterungsgebiete sind koordinierte großräumige Erfassungen unerlässlich, um Aussagen zur Entwicklung des Gesamtbestands treffen zu können.

Im Winter 2015/2016 hat das deutsche Seevogelmonitoringteam mit internationalen Kollegen einen koordinierten großräumigen Survey in der gesamten Ostsee und der südöstlichen Nordsee organisiert und durchgeführt. Ergebnisse dieser erstmals gemeinschaftlich unternommenen Anstrengung werden in den nächsten Monaten erwartet. Gleichzeitig sind schon die Planungen für den nächsten gemeinsamen Survey in vollem Gange, der für den Mittwinter 2019/2020 angesetzt ist. Besonders spannend wird der Vergleich der auf Basis des Surveys zu ermittelnden Winterrastbestände 2019/2020 mit den Ergebnissen der Vogelzugerfassungen am Cape Põõsaspea im Herbst 2019 (www.eoy.ee/poosaspea/en). An dieser Landzunge in der Nordwestecke Estlands lassen sich die arktischen Wasservögel auf dem Zug in die Mauser- und Überwinterungsgebiete in Ost- und Nordsee besonders gut beobachten. Von Trauerenten werden beispielsweise Saisonsummen von über 800 000 durchziehenden Tieren erfasst.

Mehr als eine Million Trauerenten überwintern in den deutschen Meeresgebieten.
Foto: M. Ellermaa. Deutsche Ostsee, 10.11.2018.

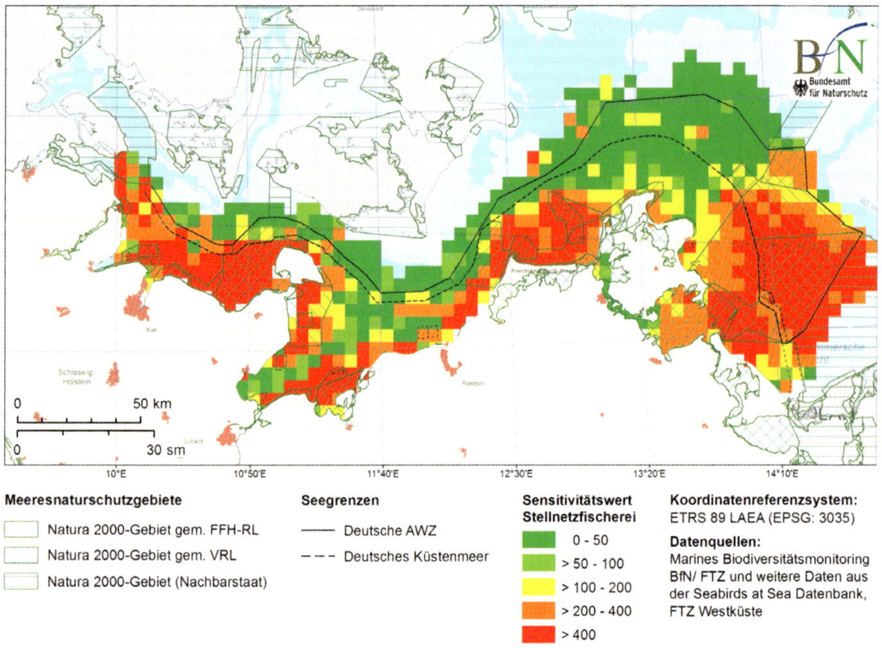

Empfindlichkeit der Seevogelvorkommen der deutschen Ostsee gegenüber Stellnetzfischerei im Frühjahr. Der Gesamt-Sensitivitätswert jedes Rasters entspricht der Summe der artspezifischen Sensitivitäten, die sich jeweils aus der lokalen Abundanz einer jeden Seevogelart multipliziert mit dem artspezifischen Sensitivitätsindex ergeben. Letzterer setzt sich aus der Art des Tauchverhaltens, der Aggregation des Vorkommens und verschiedenen Faktoren zu Gefährdung und Schutz der Art zusammen.

Berechnung & Karte: BfN/FTZ-Universität Kiel (Katharina Fließbach), aus Schiele et al. (2018): F+E Vorhaben: „Fachbeitrag Naturschutz zur maritimen Raumordnung (FABENA)“ FKZ: 3515 82 0600, AP 3: Sensitivitäten gefährdeter und repräsentativer Arten und Biotope, Verbundprojekt des Bundesamtes für Naturschutzes.

Viel Schutzgebiet, wenig Schutz

Der größte Teil der Meeresentenvorkommen in den deutschen Seegebieten wird durch Schutzgebiete abgedeckt. Im Winter halten sich knapp 80 % aller Meeresenten in marinen Vogelschutzgebieten auf, im Sommer sind es gute 90 %. Allerdings stellen die Schutzgebiete bisher überwiegend bloße Linien auf dem Papier dar, denn geeignete Schutzmaßnahmen zur Verminderung der besonders kritischen Gefährdungen durch menschliche Eingriffe wurden bisher nicht umgesetzt.

Im Rahmen des Monitorings werden Daten zu menschlichen Nutzungen zeitgleich mit der Erfassung der Vogelabundanz gesammelt, um Gefährdungen wie das Beifangrisiko oder den Konflikt mit Schiffsverkehr zu erfassen. Auf Basis der Langzeitdaten und bekannter Empfindlichkeiten der einzelnen Seevogelarten werden besonders sensible Gebiete und Jahreszeiten identifiziert. Unsere Daten zeigen deutlich, dass Meeresenten und andere Seevögel in ihren Konzentrationsbereichen, selbst wenn diese in Schutzgebieten liegen, weiterhin Beeinträchtigungen und Gefährdungen durch Schiffsverkehr, Fischerei, Freizeitaktivitäten, Offshore-Windparks und weitere menschliche Nutzung ausgesetzt sind.

Meeresenten sind bekannt für ihre hohe Störungsempfindlichkeit, die sich in starken Fluchtreaktionen auf herannahende Objekte wie Schiffe und Flugzeuge äußert. Störungen halten die Tiere von der Nahrungssuche ab und verursachen hohe energetische Kosten durch Fluchtbewegungen. Die störungsempfindlichste Art unter den Meeresenten ist die Trauerente, die im Mittel bereits in 1,6 km Entfernung vor einem herannahenden Schiff auffliegt. Zurück bleibt ein mehrere Kilometer breiter entenfreier Korridor, der auch im Verlauf mehrerer Stunden nicht wieder vollständig zurückerobert wird. Besonders empfindlich sind die Meeresenten und andere Wasservögel in der Mauserzeit, da sie dann flugunfähig und deshalb auf besonders störungsarme Rastgebiete angewiesen sind. Deshalb ist der Schutz vor Störungen für die Mauservorkommen von Trauer- und Samtente auf der Oderbank in der östlichen deutschen Ostsee sowie in den Mausergebieten von Eiderente und Trauerente im Wattenmeer bzw. den Küstengewässern der deutschen Nordsee besonders wichtig. Immerhin wurde kürzlich die Freizeitfischerei in den deutschen Offshore-Schutzgebieten eingeschränkt und damit eine Quelle für Störungen reduziert. Alle anderen Nutzungen bleiben jedoch uneingeschränkt.

Besondere Gefahr: Öl

Mit dem Schiffsverkehr einher geht die Gefahr der Verölung. Meeresenten sind aufgrund ihres Vorkommens in konzentrierten Trupps aus Tausenden und Zigtausenden Individuen und aufgrund ihres ständigen Wasserkontakts besonders anfällig gegenüber Ölverschmutzungen. Ein Ölunfall in den Küstengewässern der Nordsee oder Ostsee kann innerhalb kurzer Zeit zur Verölung von sehr vielen Enten führen. Schon geringe Ölmengen im Gefieder führen dazu, dass die Tiere unterkühlen, die Nahrungssuche einstellen und schließlich sterben. Nach der Havarie des 1998 vor Amrum verunglückten Holzfrachters „Pallas“ wurden über 12 000 verölte Vögel, vor allem Eider- und Trauerenten, an den umliegenden Stränden registriert. In der Ostsee fielen 2006 einem unaufgeklärten Ölunfall in den Gewässern Estlands über 20 000 Vögel zum Opfer.

Entlang vielbefahrener Schifffahrtswege verursachen kleinere Ölverschmutzungen, zum Beispiel durch illegale Tankreinigungen, darüber hinaus eine chronische Ölbelastung, unter der rastende Wasservögel zu leiden haben. In den schwedischen Gewässern bei Gotland führen intensiv genutzte Schifffahrtsrouten dicht an den Konzentrationsbereichen der Eisenten vorbei und zum Teil durch Schutzgebiete hindurch.

Immer noch sterben jährlich zahlreiche in der Ostsee überwinternde Eisenten an den Folgen von Verölung. Foto: K. Larsson. Schweden, 1.3.2009.

Gerade für die scheuen Meeresenten stellt Schiffsverkehr eine besondere Störung dar. Foto: K. Larsson. Schweden, 14.1.2011.

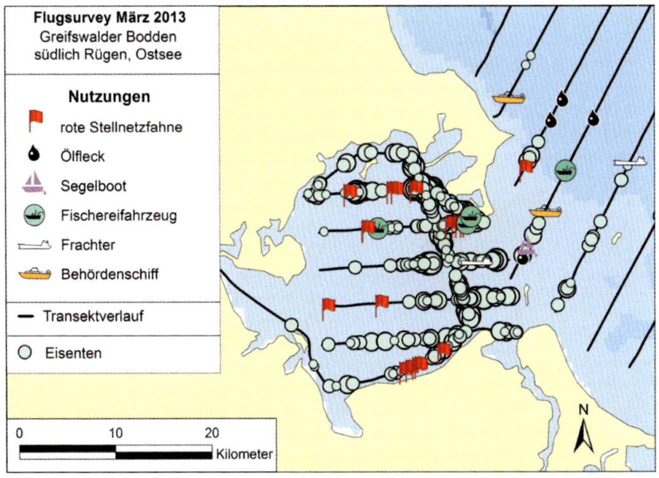

Eisenten und menschliche Nutzungen im Greifswalder Bodden bei Rügen, zeitgleich erfasst durch einen observerbasierten Flugsurvey vom 6.3.2013.
Quelle: Marines Biodiversitätsmonitoring BfN/FTZ-Universität Kiel.

In den 1990er Jahren wurden pro Winter 20 000 bis 35 000 verölte Eisenten vor Gotland beobachtet, und schwedische Wissenschaftler schätzten die ölbedingten Todesfälle von Eisenten in der zentralen Ostsee auf jährlich 50 000 bis 100 000 Individuen. In den letzten Jahren ist die Zahl der Ölopfer zurückgegangen. Diese an sich positive Entwicklung ist allerdings nicht nur auf die tatsächlich abnehmende Ölverschmutzung, sondern auch auf die gesunkene Zahl der vor Ort überwinternden Eisenten zurückzuführen.

Gezielte Jagdbeute, in Kauf genommener Beifang

Nicht nur schleichend, sondern auch ganz plötzlich kann der Tod Meeresenten in skandinavischen Ländern ereilen. Die Jagd auf Wasservögel hat dort besondere Tradition und wird zu Wasser und von Land intensiv ausgeübt. Während Deutschland und Polen schon länger keine Meeresenten mehr auf der Abschussliste haben und die Balten sich vor wenigen Jahren anschlossen, werden in skandinavischen Ländern trotz der Bestandseinbrüche weiterhin überwinternde Eider-, Eis-, Trauer- und Samtenten zu Tausenden geschossen. In einem Winter erlegen dänische Jäger bis zu 50 000 Eiderenten. Die höchsten Eisenten-Jagdstrecken mit regelmäßig über 10 000 Individuen pro Jahr gehen auf das Konto finnischer Jäger. Aber unter dem zunehmenden Druck von Naturschützern tut sich etwas: Die Zahl der insgesamt und pro Tag erlegbaren Meeresenten wurde reduziert, der sehr kritisch beurteilte Abschuss von Weibchen wurde eingeschränkt und in Finnland ist die kritisierte Frühjahrsjagd eingestellt worden.

Auch in Deutschland kommen Meeresenten durch menschliches Zutun zu Tausenden ums Leben und zwar als ungewollter, aber wissentlich in Kauf genommener Beifang in der Stellnetzfischerei der Ostsee. Die Tiere verfangen sich bei der Nahrungssuche unter Wasser in den Netzen und ertrinken – ein Schicksal, das sie mit anderen tauchenden Wasservögeln wie Seetauchern, Lappentauchern, Alken und Kormoranen teilen. In den 1980er Jahren wurde die Zahl der an der schleswig-holsteinischen Ostseeküste beigefangenen Eiderenten auf jährlich circa 10 000 Individuen geschätzt. Aktuelle Abschätzungen, wie viele Wasservögel jährlich als Beifang in den Stellnetzen der deutschen Ostsee sterben, gibt es nicht. Obwohl von der EU ein Beifangmonitoring vorgeschrieben ist, wird eine umfassende Datensammlung von Seiten der Fischerei nicht unterstützt. Dadurch werden repräsentative Studien und entsprechende Hochrechnungen stark erschwert.

Bisher gibt es selbst in Schutzgebieten keine verbindlichen Einschränkungen von Stellnetzfischerei. In der schleswig-holsteinischen Ostsee versucht man sich ersatzweise mit einer „Freiwilligen Vereinbarung“ zwischen Umweltministerium und Fischereiverbänden zu behelfen. Naturschutzverbände kritisieren, dass die Vereinbarung nicht alle wichtigen Wasservo-

In der gesamten Ostsee fordern Stellnetze viele Opfer unter den tauchenden Wasservögeln.
Foto: J. Morkūnas. Litauen, 2.2.2017.

Im Spannungsfeld zwischen Klimaschutz und Artenschutz: Meeresenten konkurrieren mit der Offshorewindindustrie um Lebensraum. Foto: M. Ellermaa. Deutsche Ostsee, nördlich Darß/Zingst, 19.3.2017.

gel-Gebiete und nicht den gesamten relevanten Zeitraum abdeckt. Die Einhaltung der Vereinbarung werde nur unzureichend kontrolliert, Verstöße nicht ausreichend dokumentiert und sanktioniert. Besonders kritisch zudem: Eine Erfolgskontrolle bleibt aus und die Chance, in diesem Rahmen wertvolle Daten zu Beifangereignissen zu sammeln, wird nicht genutzt.

Andere Lösungsansätze zielen auf die Entwicklung einer umweltverträglicheren Fischerei ab. Zum einen betätigen sich Fischer, Wissenschaftler und Naturschützer zusammen an der Prüfung alternativer, umweltschonender Fanggeräte und -methoden, zum Beispiel Langleinen und Fischfallen. Diese haben bisher jedoch nicht annähernd den gleichen Fangerfolg in Hinblick auf die Zielarten (u.a. Dorsch, Meerforelle, Zander und Hering). Zum anderen erhofft man sich, die Beifangraten durch Modifikation der Stellnetze zu senken. In die Netzmaschen eingeflochtene Kontrastpanele und Beleuchtung durch LEDs sollen die Sichtbarkeit der Stellnetze für Tauchvögel erhöhen und dadurch für einen ausreichenden Sicherheitsabstand sorgen. In Peru hat die Anbringung von LEDs in Stellnetzen den Beifang von Guano-Kormoranen um 85 % reduziert. Umfangreiche Experimente in den Ostseegewässern von dänischen, polnischen und litauischen Forschergruppen konnten jedoch keinen Erfolg hinsichtlich der Verringerung von Wasservogelbeifang vermelden.

Bis tatsächlich eine umweltschonende Fischereimethode entwickelt wird, können Meeresenten und andere tauchende Meerestiere nur durch den Ausschluss der Stellnetzfischerei in den relevanten Gebieten und Jahreszeiten effektiv geschützt werden.

Windparks im Meeresenten-Lebensraum

Eine neue Quelle für Beeinträchtigungen ergibt sich aus der Errichtung von Offshore-Windparks. Für ziehende Vögel und Individuen, die zwischen verschiedenen Nahrungs- bzw. Rastgebieten hin- und herfliegen, geht von den Parks eine Barrierewirkung oder aber Kollisionsgefahr aus. In der dänischen Ostsee zeigten Radarerfassungen, dass ziehende Eiderenten Ausweichbewegungen um Offshorewindparks durchführen und somit weitere Zugwege zurücklegen. Der Klügere gibt nach und macht einen Umweg. Ein durch schwedische Gewässer ziehender Eiderententrupp hielt nichts von dieser Devise und hatte das Nachsehen. In typischer V-Formation näherte sich die Entengruppe im Herbst 2003 einer Turbinenreihe im Kalmarsund. Die Tiere an der Spitze hielten Abstand zu der Reihe von Windrädern, ihre Artgenossen folgten blind. Dadurch geriet der äußere Bereich eines Truppschenkels in den Rotorenbereich eines Windrads. Es kam zur Kollision, vier Eiderenten wurden vom Rotorblatt getroffen und stürzten ab.

Aber auch rastende Meeresenten werden durch Offshore-Windparks beeinträchtigt. Studien an dänischen Windparks haben für Trauer- und Eisenten gezeigt, dass die störungsempfindlichen Tiere Abstand zu den Windrädern halten und deshalb einen Teil der für sie wichtigen Nahrungs- und Rastgebiete verlieren. Insbesondere in der für die Meeresenten so wichtigen Ostsee muss der Ausbau der Offshore-Windenergie deshalb mit Bedacht geplant werden. Pech für die Enten: Offshore-Windparks haben oft ähnliche „Lebensraumansprüche“ wie Meeresenten – aus Kostengründen werden die Windräder gerne in Flachwasserbereichen, also auf Offshorebänken und in Küstennähe, errichtet. Pläne für Offshore-Windparks in Schweden, Estland und Litauen sehen eine Bebauung von Flachgründen vor, die zu den wichtigsten Meeresentengebieten der Ostsee zählen. Auch in Mecklenburg-Vorpommern sind Windparkerweiterungen ausgerechnet in einem Gebiet geplant, das in den letzten Jahren stark an Bedeutung für die Meeresenten gewonnen hat. Im Seegebiet nördlich von Darß und Zingst und westlich von Hiddensee/Rügen halten sich im Winterhalbjahr bedeutende Konzentrationen von Eis-, Samt- und insbesondere Trauerenten auf. Im Frühjahr beherbergt das Gebiet gar ein Fünftel aller Trauerenten der deutschen Ostsee, mehr als 130 000 Tiere. Zu einem Drittel nutzen sie dabei auch die Bereiche außerhalb der dortigen Schutzgebiete als Nahrungs- und Ruhegebiete. Anstelle der Errichtung von Windparks wäre demnach eher eine Ausweitung der Naturschutzgebiete angebracht.

Die Wintervorkommen der vier häufigsten europäischen Meeresentenarten haben sich in den letzten Jahren immer stärker auf deutsche Gewässer konzentriert. Wir können uns freuen, dass die Enten hier demnach günstige Nahrungsbedingungen und geeignete Rastgebiete zu finden scheinen. Uns kommt damit aber auch eine ganz besondere Verantwortung für diese charismatischen Meeresbewohner zu, die in den letzten Jahrzehnten aufgrund ihrer massiven Bestandsrückgänge zu echten Sorgenkindern des Naturschutzes geworden sind. Umso kritischer ist es zu sehen, dass Meeresenten weiterhin durch menschliche Aktivitäten in den deutschen Seegebieten zu Tode kommen und ihr Lebensraum bedroht wird. Mit der Ausweisung von Schutzgebieten ist es nicht getan. Die Entwicklung und Umsetzung geeigneter Schutz- und Managementmaßen und die Berücksichtigung der Lebensraumanforderungen von Meeresenten in Raumordnungsplanungen muss unbedingt folgen, damit die deutschen Meeres(schutz)gebiete ihrer Rolle als echte Rückzugsräume für Meeresenten tatsächlich gerecht werden.

Nele Markones
Forschungs- und Technologiezentrum Westküste (FTZ), Universität Kiel

Dr. Nele Markones ist Mitglied der von Prof. Dr. Stefan Garthe geleiteten Arbeitsgruppe „Ökologie mariner Tiere" am Forschungs- und Technologiezentrum Westküste (FTZ) der Universität Kiel. Seit zehn Jahren leitet sie das deutsche Seevogelmonitoring auf See im Auftrag des BfN. Sie ist eine Leiterin der ICES/OSPAR/HELCOM Joint Working Group for Marine Birds und Mitglied weiterer internationaler Gremien, zum Beispiel der European Seabirds at Sea Group und der European Seaduck Working Group.

Literatur zum Thema

Fliessbach K L, Borkenhagen K, Guse N, Markones N, Schwemmer P, Garthe S 2019: A ship traffic disturbance vulnerability index for Northwest European seabirds as a tool for marine spatial planning. Front. Mar. Sci. 6:192. doi: 10.3389/fmars.2019.00192

Fox A D, Petersen I K 2019: Offshore wind farms and their effects on birds. Dansk Orn. Foren. Tidsskr. 113: 86-101.

Hearn R D, Harrison A L, Cranswick P A 2015: International Single Species Action Plan for the conservation of the Long-tailed Duck *Clangula hyemalis*, 2016–2025. AEWA Technical Series Report.

Larsson K, Tydén L 2005: Effects of oil spills on wintering Long-tailed Ducks *Clangula hyemalis* at Hoburgs bank in central Baltic Sea between 1996/97 and 2003/04. Ornis Svecica 15: 161–171.

Markones N, Nehls G, Borkenhagen K, Dorsch M, Fließbach K 2018: Die Eiderente – Seevogel des Jahres 2019. Seevögel 39 (4): 4-9.

Mendel B, Sonntag N, Wahl J, Schwemmer P, Dries H, Guse N, Müller S, Garthe S 2008: Artensteckbriefe von See- und Wasservögeln der deutschen Nord- und Ostsee. Verbreitung, Ökologie und Empfindlichkeiten gegenüber Eingriffen in ihren marinen Lebensraum. Naturschutz und Biologische Vielfalt 59. Bundesamt für Naturschutz, Bonn - Bad Godesberg.

Nilsson L 2016: Changes in numbers and distribution of wintering Long-tailed Ducks *Clangula hyemalis* in Swedish waters during the last fifty years. Ornis Svecica, 26: 162–176.

Skov H, Heinänen S, Žydelis R, Bellebaum J, Bzoma S, Dagys M, Durinck J, Garthe S, Grishanov G, Hario M, Kieckbusch J, Kube J, Kuresoo A, Larsson K, Luigujoe L, Meissner W, Nehls H W, Nilsson L, Petersen I K, Roos M M, Pihl S, Sonntag N, Stock A, Stipniece A, Wahl J 2011: Waterbird populations and pressures in the Baltic Sea. Norden report.

Žydelis R, Bellebaum J, Österblom H, Vetemaa M, Schirmeister B, Stipniece A, Dagys M, van Eerden M, Garthe S 2009: Bycatch in gillnet fisheries – An overlooked threat to waterbird populations. Biological Conservation 142: 1269-1281.

www.bmu.de/faqs/meereschutzgebiete
www.bfn.de/themen/meeresnaturschutz/marines-monitoring.html
www.ftz.uni-kiel.de/de/forschungsabteilungen/ecolab-oekologie-mariner-tiere/laufende-projekte/topmarine

Wie wird sich der Überwinterungsbestand der global gefährdeten Tafelente am Bodensee künftig entwickeln? Foto: S. Werner. Münsterlingen, 14.1.2018.

NAHRUNGSGRUNDLAGE FÜR WASSERVÖGEL:

Viel Dreck, mehr Vögel? Ein Fallbeispiel vom Bodensee

Unsere Gewässer wurden bis in die 1980er Jahre mit vielen Düngestoffen aus Abwässern belastet, die in diversen Seen zu einem rasanten Anstieg der Algenbiomasse geführt haben. Durch die verbesserte Reinigung der Abwässer konnte in den letzten dreißig Jahren diese Entwicklung wieder umgekehrt werden – so auch im Bodensee. Doch im nun „zu sauberen" Wasser scheinen immer weniger Fische zu leben und weniger Nahrung für Vögel verfügbar zu sein. Bedeutet das nährstoffarme Wasser auch das Aus für die überwinternden Wasservogelansammlungen an einem der größten und wasservogelreichsten Binnengewässer Mitteleuropas?

Wasservögel treten je nach Gewässertyp in sehr unterschiedlicher Artenzusammensetzung und Anzahl auf. Dass ein erhöhter Nährstoffgehalt zu größeren Vogelbeständen führt, wurde für verschiedene Seen dokumentiert. Mehr Nährstoff führt in den meisten Fällen zu mehr Nahrung. Doch was passiert, wenn sich ein ursprünglich nährstoffarmes Gewässer in einen unnatürlich hohen Nährstoffzustand ändert und anschließend wieder in den natürlichen Zustand zurückkehrt? Innerhalb eines Gewässers kann der Mensch durch das Zuführen von Nährstoffen das etablierte Nahrungsnetz komplett aus den Angeln heben. Am Bodensee wurden während vieler Jahrzehnte Siedlungs- und Industrieabwässer nur mechanisch und biologisch gereinigt ins Wasser geleitet. Speziell das Einbringen von Phosphaten führte zu einem stetigen Nährstoffeintrag, der die Eutrophierung des Sees zur Folge hatte. Die angestammten Lebensgemeinschaften waren dadurch einem gravierenden Wandel unterworfen.

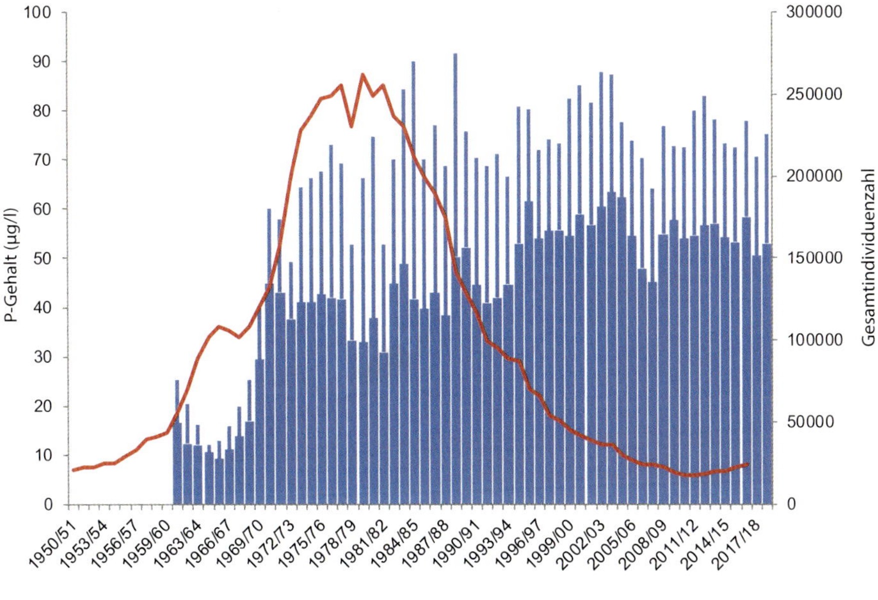

Entwicklung der Wasservogelbestände am Bodensee von 1961/1962 bis 2018/2019 als Mittelwert über sieben Zählmonate (September bis März; breite Säulen) plus jeweilige Maxima (dünne Säulen) sowie Phosphatgehalt (rote Linie).

Wie eine chemische Verbindung das Leben in Gewässern steuert

Um die Zusammenhänge zwischen Wasservögeln und dem Nährstoffgehalt zu erläutern, ist zunächst ein Exkurs in die Gewässerbiologie nötig. Die biologische Produktion in Seen ist vor allem durch Phosphor limitiert. Ohne ausreichend Phosphate ist das Algenwachstum begrenzt; Düngung mit diesem limitierenden Nährstoff steigert das Wachstum der Algen und führt zu mehr Biomasse – wie in der Landwirtschaft. Viele Fischarten profitieren, da sie mehr Nahrung finden und schneller wachsen; die Fangerträge der Fischer steigen meist deutlich an. Auch diverse Wasservogelarten finden nun einen reich gedeckten Tisch. So stiegen die Bestände von Möwen, Haubentauchern und Stockenten während der Eutrophierungsphase in den 1970er Jahren am Bodensee deutlich an. Muschelfressende Arten wie die Reiherente, und damals auch Tafelente und Blässhuhn, zeigten zu diesem Zeitpunkt ebenfalls einen starken Anstieg, was jedoch der Invasion der Zebramuschel um 1965 geschuldet war. Die Löffelente als Planktonfiltriererin konnte nun aus der vollen Algensuppe schöpfen und reagierte mit einem deutlichen Anstieg des Rastbestandes. Viel hilft also viel – auch in diesem Fall?

Schnatterenten bei der Nahrungssuche am Untersee. Foto: R. Martin. Moos, 26.02.2015.

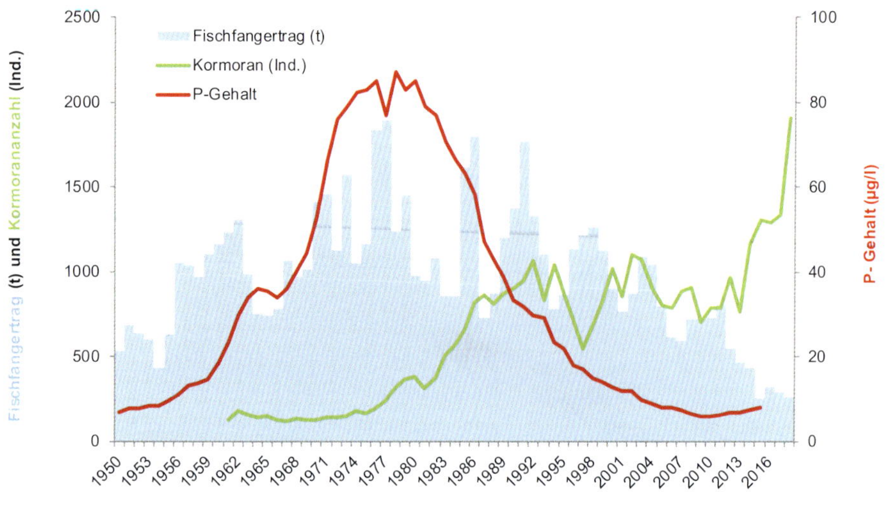

Bestandsentwicklung des Kormorans (grüne Linie) und Entwicklung der Fischfangerträge (blaue Säulen) am Bodensee im Vergleich zum Phosphatgehalt (rote Linie).

Viel Biomasse verbraucht aber viel Sauerstoff. Im Bodensee kam es bald zu einem Sauerstoffengpass, vor allem in den tiefen Wasserschichten. Von Gewässerschützern wurde erkannt, dass der übermäßige Düngereintrag den See an den Rand eines Kollapses bringt. Viele andere Seen sind in dieser Zeit tatsächlich „umgekippt". Doch mit der Etablierung der chemischen Reinigung (in den Kläranlagen werden seither die Phosphate effizient ausgefällt) und dem weitgehenden Verbot von Phosphaten in Wasch- und Reinigungsmitteln konnte ab Ende der 1970er Jahre der für das Leben im See langfristig tödliche Prozess nicht nur aufgehalten, sondern sogar umgekehrt werden. Schneller als es Fachleute je erwartet hatten, entwickelte sich der überdüngte Bodensee wieder zurück in seinen nährstoffarmen Ursprungszustand: Die Nährstoffe gingen rasch zurück und als erstes reagierten die Algen, die weniger Biomasse produzierten. Doch für einige Seebewohner kam die Rettung zu spät. Denn in Zeiten des Nährstoffüberschusses und somit des Sauerstoffmangels starben zum Beispiel einige endemische Fischarten der nährstoffarmen Voralpenseen für immer aus, am Bodensee war es der Kilch *Coregonus gutturosus*, eine Felchenart.

Viele der Fischer sprechen noch heute von den „goldenen Zeiten", in denen die Netze zum Bersten mit Fischen gefüllt waren. Doch die negativen Aspekte hat man heute längst wieder verdrängt. Die Masse des Fangs bildeten damals Flussbarsche und diverse Weißfische. In vielen Seen, so auch im Bodensee, konnten die ehemaligen „Brotfische" – die Felchen oder Renken (*Coregonus*) – nur dank intensiver Zuchtprogramme erhalten werden. Ohne diese Maßnahmen wären diese Edelfische vermutlich auch ausgestorben, da sich ihre Eier nur am sauerstoffreichen Seegrund entwickeln können – oder eben in der Fischzuchtanlage.

Geringer Fischfangertrag, viele Fischfresser

Die für das Ökosystem sicherlich positive Situation mit wieder stark reduzierten Nährstoffen reduziert jedoch die Fangerträge der Fischer, allerdings nur auf das natürliche Niveau, das vor den Zeiten des Nährstoffeintrages bestand. Die Felchen und Renken (= Coregonen) profitierten und sind trotz Ertragseinbußen wieder zur dominanten Fischart im Fangertrag geworden. Für nährstoffreiche Gewässer typische Fischarten werden hingegen kaum noch gefangen. Lange Zeit stiegen die Fischfangerträge und die Bestände des fischfressenden Kormorans parallel an. Doch in den letzten Jahren wachsen nur noch die Kormoranzahlen. Der Schuldige ist also schnell ausgemacht: Die einfache Rechnung „anwesende Anzahl Kormorane x Aufenthaltsdauer x eine gewisse – oft zu hoch angesetzte – Tagesdosis an Fisch" wird mit dem Fangertrag der Berufsfischer verglichen. Dabei stellt man fest, dass die Entnahme durch Kormoran & Co inzwischen in einer ähnlichen Größenordnung liegt wie jene der Berufsfischer. Massive Konkurrenz und erhebliche Schäden bewiesen. Punkt.

Doch der Zusammenhang zwischen abnehmenden Fischzahlen und vielen Kormoranen ist wesentlich komplexer als von der Fischereizunft kolportiert wird. Denn die Umstellung der Fischartengemeinschaft in die Nähe des Ursprungszustands und der Rückgang des Felchenertrags erfolgten nachweislich aufgrund des reduzierten Nährstoffangebots. Da der Grundsatz gilt, dass große biologische Systeme

Effizienter als ein Berufsfischer? Ein junger Kormoran trocknet nach einem Tauchgang seine Schwingen.
Foto: S. Werner. Konstanz, 4.2.2017.

Bald ein seltener Anblick am Bodensee: Ein Lachmöwenschwarm bei Schneefall. Foto: S. Werner. Kreuzlingen, 3.2.2019.

von der Nahrungsgrundlage gesteuert werden, bedeutet ein stetig und über Jahre steigender Bestand an fischfressenden Vögeln, dass viel Nahrung vorhanden sein muss. Dies klingt angesichts der stark gesunkenen Fischfangerträge paradox. Die Erklärung für diesen scheinbaren Widerspruch ist, dass der Fischfangertrag den vorhandenen Fischbestand nicht repräsentativ abbildet. Eine mit äußerst hohem Aufwand betriebene wissenschaftliche Studie der EAWAG zur Erforschung der Fischfauna in Schweizer Seen – das „Projet Lac“ – hat die Verhältnisse beleuchtet. Die Fischfauna im Bodensee ist arten- und individuenreich; allerdings mit Fischen, die entweder so klein sind, dass sie von den Fischern noch gar nicht entnommen werden dürfen, oder mit Fischarten, die wirtschaftlich uninteressant sind. So bilden Dreistachlige Stichlinge – eine im Bodensee eingeschleppte, nur maximal 10 cm große Fischart – zeitweise über 80 % der Fischbiomasse im Freiwasser. Fischfressende Vögel nutzen diese schwimmschwachen Klein- und Jungfische jedoch in hohem Maße – bestätigt durch die Kormoranmagenanalysen der Fischereibehörden.

Die wirtschaftlich interessanten Fischarten wachsen heute langsamer und bleiben auch deutlich kleiner als jene, die in der nährstoffreichen Zeit im See eingesetzt wurden oder überlebten. Das reduzierte Wachstum erklärt den größten Teil des Rückgangs im Fangertrag bei den Coregonen, der leider nur in Biomasse und nicht auch in Individuenzahlen gemessen wird. Weiterhin belegen Studien der Universität Konstanz, dass der Druck durch die Fischerei so hoch ist, dass nahezu alle fortpflanzungsfähigen Felchen innerhalb von etwa zwei Jahren aus dem See gefischt werden, sobald sie die Größe erreicht haben, um in den Netzen hängen zu bleiben. Dies hat sogar die Evolution beschleunigt: Bereits sehr kleine Fische, die noch gar nicht das Fangmaß erreicht haben, können sich fortpflanzen. Der intensive Fischfang verschiebt das System also selbst in eine unerwünschte Richtung. Doch anstatt das Fangmaß zu erhöhen, damit auch größere Fische wieder öfter laichen können, werden weitere Reduktionen der Maschenweite der Fangnetze diskutiert. Dies mag kurzfristig den Ertrag zwar steigern, wird langfristig gesehen jedoch den Druck auf die Fischpopulationen noch weiter erhöhen.

Wirkt sich der Nährstoffrückgang negativ auf die Bestände anderer Wasservogelarten aus?

Man könnte angesichts des Nährstoffrückgangs im Bodensee also annehmen, dass sich die Wasservogelbestände reduziert haben. Erstaunlicherweise zeigt die Gesamtsumme aller Wasservögel am Bodensee bislang keinen deutlichen Rückgang. Doch wie kann es sein, dass die Vögel scheinbar einfach ignorieren, dass im See erheblich weniger Nährstoffe vorhanden sind?

Einige Gründe für den ausbleibenden Bestandsrückgang bei den meisten Wasservögeln sind nachfolgend gelistet:

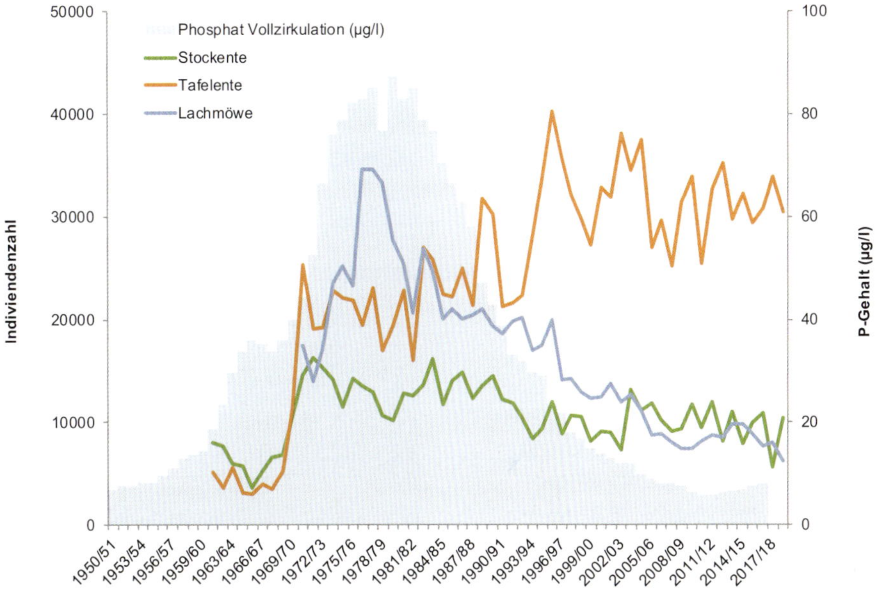

Bestandsentwicklung der Stock- und Tafelente sowie der Lachmöwe am Bodensee im Vergleich zum Phosphatgehalt (graue Säulen).

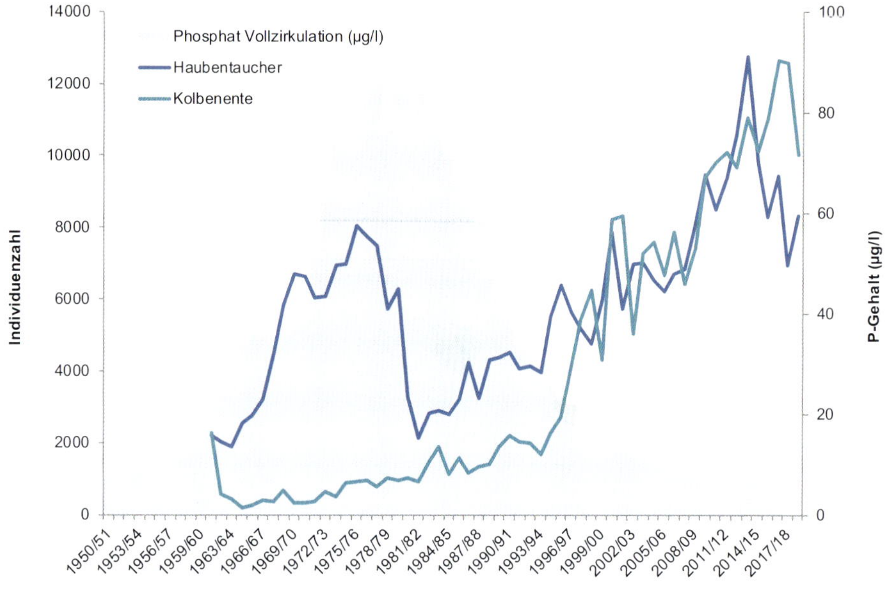

Bestandsentwicklung des Haubentauchers und der Kolbenente am Bodensee im Vergleich zum Phosphatgehalt (graue Säulen).

- Fast 70 % aller Wasservögel nutzen im Winterhalbjahr heute eine Nahrungsquelle, die in den eutrophen Zeiten nahezu verschwunden war. Heute treten wintergrüne Armleuchteralgen (Characeen), die nur in nährstoffarmen Gewässern gedeihen, seeweit wieder in Massen auf. Armleuchteralgen bilden die wichtigste Nahrungsressource vor allem für Kolbenenten (bis 20 000), Tafelenten (bis 80 000) und Blässhühner (bis 75 000). Mit den Nährstoffeinträgen wurden die Characeen nahezu vollständig von anderen Wasserpflanzen abgelöst, die aber bereits im Herbst zerfallen. Die Kolbenente als Nahrungsspezialistin für Armleuchteralgen war in diesen Zeiten rar, während heute bis 20 000 Vögel auftreten können, in großer Zahl jetzt auch im Januar und Februar.
- Bereits vor dem Nährstoffeintrag (vor etwa 1950) waren Armleuchteralgen am Bodensee eine wichtige Nahrungsgrundlage für Wasservögel. Das Potenzial als Überwinterungsgewässer konnte aufgrund der einstmals intensiven Jagd aber nicht ausgeschöpft werden. Zwischenzeitlich wurden Schutzgebiete ausgewiesen und die Wasservogeljagd weitestgehend eingestellt. Die Wasservögel können sich heute tagsüber in den weitgehend störungsfreien Schutzgebieten versammeln.
- Fischfresser wie der Kormoran wurden über Jahrhunderte bejagt. Der jetzige Bestandsanstieg ist eine Entwicklung in Richtung der natürlichen Populationsgröße.
- Haubentaucher haben anfänglich vom Nährstoffanstieg profitiert. Doch mit zunehmender Trophie und trüber werdendem Wasser folgte ein gravierender Bestandseinbruch des optisch orientierten Fischjägers. Mit der Rückkehr des klaren Wassers konnte sich der Bestand erholen. In Zeiten trüben Wassers sank vermutlich die Jagdeffizienz, möglicherweise auch weil beliebte Beutefische seltener wurden. Das algengetränkte Wasser führte auch zum Schilfsterben, was den Bruterfolg dieser Art reduzierte. Heute hat sich der Brutbestand auf hohem Niveau eingependelt.
- Der Mensch hatte seine Finger nicht nur bei den Nährstoffen im Spiel. Durch seine gestiegene Mobilität und diverse Freizeitaktivitäten schleppte er gebietsfremde Arten wie exotische Muschelarten und Großkrebse, Fische, Schwebegarnelen und vieles mehr ein. Dies hat die Ausgangslage für immer verändert, aus Sicht der Wasservögel allerdings sogar meist zum Positiven, da diese rasch lernen, neue Nahrungsquellen zu nutzen.
- Die Nährstoffe sind im See nicht gleich verteilt. In Flachwasserbereichen, am Seeboden und vor Flussmündungen sind noch immer größere Nährstoffreservoirs vorhanden.
- Planktonfiltrierende Arten wie die Löffelente müssten unter den nährstoffarmen Bedingungen leiden. Doch während inzwischen deutlich weniger Plankton zum Filtrieren verfügbar ist als noch in den 1980er Jahren, wurden die Winter nach und nach milder. Früher rasteten im Oktober und November große Löffelententrupps am Bodensee und zogen anschlie-

Profitiert von gutem Nahrungsangebot und klarem Wasser: Haubentaucher mit einem erbeuteten Dreistachligen Stichling. Foto: S. Werner. Konstanz, 4.3.2017.

ßend in mediterrane Gefilde weiter. Inzwischen halten sich konstant um die 1000 Vögel den ganzen Winter über im Gebiet auf. Betrachtet man also nur den Mittelwert über die acht Zählungen eines Winters, scheint sich kaum etwas getan zu haben. Aus den Maximalwerten der einzelnen Zählmonate sind jedoch erhebliche Unterschiede ablesbar.

Planktonfiltrierer: Trotz weniger Nährstoffen überwintern Löffelenten in zunehmender Zahl am Bodensee.
Foto: S. Werner. Moos, 25.12.2017.

Fazit

Über den Zeitraum von fast siebzig Jahren haben sich neben den Nährstoffen auch viele andere Faktoren verändert – nicht selten auch zum Wohle der Vogelwelt. So wurde der Jagddruck reduziert, Wasservogelschutzgebiete wurden ausgewiesen und neue Nahrungsressourcen in den See eingebracht. Die milderen klimatischen Bedingungen und die massiv angestiegenen Freizeitaktivitäten machen sich in den Bestandszahlen hingegen meist negativ bemerkbar. Der eine oder andere Faktor mag die Auswirkungen der aktuellen Nährstoffsituation überlagern. Die Bestände der Wasservögel sind zwar abhängig von ihrer Nahrung, diese ist jedoch so mannigfaltig, dass viele Nährstoffe nicht gleichbedeutend mit vielen verfügbaren Nahrungsressourcen sind. Vor allem die nur in nährstoffarmen Gewässern gedeihenden Armleuchteralgen bilden heute die Grundlage für die großen Wasservogelmengen, die nach wie vor am Bodensee überwintern. Dies erklärt auch, warum die Wasservogelbestände nicht dem Trend des Fischfangertrags folgen. Auf längere Sicht dürften auch die Nährstoffe am Seeboden knapper werden, was zu einer Reduktion der pflanzlichen Produktion und verbesserten Fortpflanzungsbedingungen von tiefenlaichenden Fischarten führen sollte und in deren Folge dann doch möglicherweise auch zu sinkenden Wasservogelzahlen. Es ist jedoch zu befürchten, dass die Vogelwelt bis dahin so stark von den stetig zunehmenden menschlichen Freizeitaktivitäten (auch im Winter) beeinflusst wird, dass sie das Potenzial des Sees als Überwinterungsgebiet ohnehin nicht mehr ausschöpfen kann, wie dies in Zeiten mit intensivem Jagddruck schon einmal der Fall war.

Stefan Werner

Literatur zum Thema

Werner S, Bauer H-G, Heine G, Jacoby H, Stark H 2018: 55 Jahre Wasservogelzählung am Bodensee: Bestandsentwicklung der Wasservögel von 1961/62 bis 2015/16. Ornithol. Beob. Beiheft 13.

Werner S, Bauer H-G 2012: Stille Revolution am Bodensee: Wasservögel und wirbellose Neozoen. Falke 59: 212–218.

Alexander T J, Vonlanthen P, Périat G, Raymond J-C, Degiorgi F, Seehausen O 2016: Artenvielfalt und Zusammensetzung der Fischpopulation im Bodensee. Projet Lac. Eawag, Kastanienbaum.

Suter W 1991: Überwinternde Wasservögel auf Schweizer Seen: Welche Gewässereigenschaften bestimmen Arten- und Individuenzahl? Ornithol. Beob. 88: 111–140.

https://www.igkb.org
www.bodensee-ornis.de

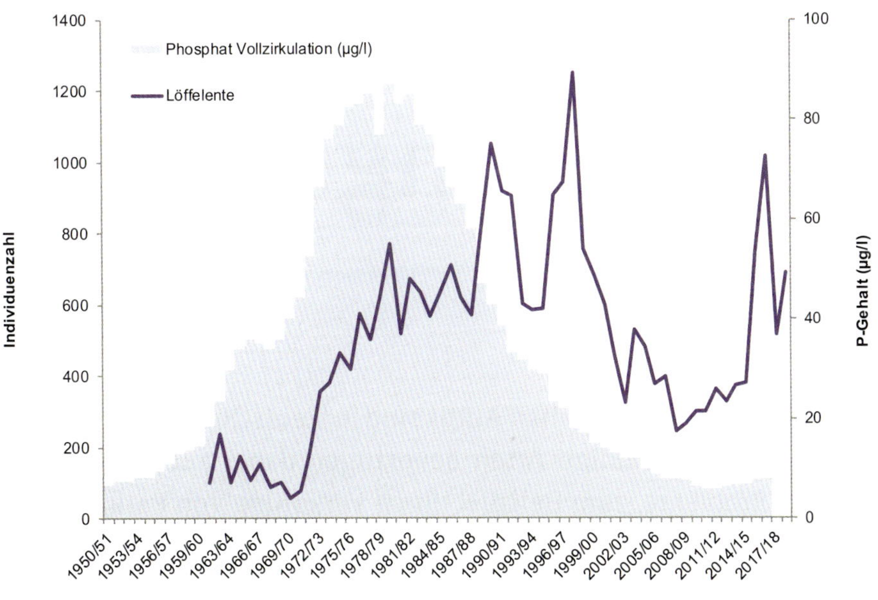

Bestandsentwicklung der Löffelente am Bodensee im Vergleich zum Phosphatgehalt (graue Säulen).

Stefan Werner studierte Biologie an der Universität Konstanz. Seine Diplomarbeit und Dissertation beschäftige sich mit den Nahrungsgrundlagen der großen Tauchentenmengen. Heute ist er wissenschaftlicher Mitarbeiter an der Schweizerischen Vogelwarte Sempach und im Vorstand der Ornithologischen Arbeitsgemeinschaft Bodensee, wo er u. a. Mitglied des Koordinationsteams der Wasservogelzählung ist

Gänse, wie diese Graugänse, finden in den vielen gepflegten Park- und Grünanlagen nahezu perfekte Nahrungsbedingungen für die Aufzucht ihrer Küken. Foto: K. Koffijberg. Duisburg, 25.4.2011

MONITORING VON GÄNSEN IM SOMMER:

Bestandsentwicklungen bei Graugans & Co.

Neben zahlreichen überwinternden Gänsetrupps aus der hohen Arktis sind in Deutschland zunehmend auch im Sommerhalbjahr viele Gänse anzutreffen. Einige Arten bevorzugen dabei auch städtische Bereiche und sorgen örtlich manchmal für Probleme, zum Beispiel durch Verkotung von Parkanlagen und Liegewiesen. In Nordrhein-Westfalen läuft seit 2011 ein spezielles Projekt, um die Bestände und Verbreitung im Sommer jährlich zu erfassen und damit fundierte Aussagen über Bestandsentwicklung und Bruterfolg machen zu können.

Gänse sind längst nicht mehr nur ein typisches Winterphänomen. Bereits 2005 bis 2009 wurden im Rahmen der Kartierungen für den Atlas Deutscher Brutvogelarten (ADEBAR) bundesweit mehr als zehn Gänsearten (inklusive Nilgans) als Brutvogel festgestellt, mit einem Gesamtbestand von mehr als 35 000 Brutpaaren. Neben der Graugans, die auch historisch als Brutvogel in Deutschland bekannt ist, geht es zahlenmäßig vor allem um (etablierte) Neozoen wie Kanadagans und Nilgans. Abgesehen von den methodischen Schwierigkeiten, die Brutbestände genau zu ermitteln und dazu auch noch eine landesweite Abdeckung zu erzielen, zeigen die Brutpaarzahlen nur bedingt, wie viele Gänse tatsächlich im Sommerhalbjahr anwesend sind. Vielerorts bilden sich Nichtbrütertrupps, die sich gemeinsam mit erfolglosen Brutpaaren meist in der Nähe von Gewässern aufhalten, oft abseits von den Brutplätzen. Analysen von niederländischen Gänsezählungen zeigten, dass die Gesamtbestände etwa beim Vierfachen der kartierten Brutpaarzahlen liegen können (Schekkerman 2012), also nur rund die Hälfte der Altvögel aktiv am Brutgeschäft beteiligt ist.

Um die Gesamtbestände genauer zu ermitteln, wurde 2011 von der Nordrhein-Westfälischen Ornithologengesellschaft (NWO) in Nordrhein-Westfalen eine erste landesweite „Sommer-Gänsezählung" im Juli organisiert. Die Konzeption einer solchen Zählung stammt aus den Niederlanden, wo sie bereits seit 2005 regelmäßig durchgeführt wird (und aktuell über 600 000 Gänsen erfasst werden). Mit einer jährlichen Beteiligung von mehr als 225 ehrenamtlichen Zählern und Zählerinnen, Biologischen Stationen und lokalen Koordinatoren hat sich die Sommer-Gänsezählung in Nordrhein-Westfalen mittlerweile gut etabliert. Sie findet jährlich einmalig an einem Wochenende um den 10. Juli statt. Dieser Termin ist so gewählt, dass man von den meisten Arten einen guten landesweiten Überblick des Sommerbestandes bekommt und zeitgleich bei allen Arten bereits gut den Bruterfolg ermitteln kann. Zusätzlich beginnt in Nordrhein-Westfalen für einige Gänsearten die Jagdzeit am 16.7., sodass immer vor diesem Termin gezählt wird, damit durch die Bejagung bedingte Verhaltensänderungen die Zählung nicht beeinträchtigen.

Vor allem die gewässernahen Bereiche im Tiefland werden tagsüber so flächendeckend wie möglich erfasst. Viele Gänsetrupps tendieren im Sommer zu einem ausgeprägten tageszeitlichen Aktivitätsmuster, wobei sie vielfach morgens früh und abends auf Feldern nach Nahrung suchen und tagsüber die Rastgewässer aufsuchen. Dort ist dann die Erfassung vollständiger möglich als in der Feldflur. Nur bei der Nilgans ist die Abdeckung der Zählung weniger gut, weil von dieser Art auch viele Paare und Familien zerstreut in der Landschaft vorkommen, weit abseits von Gewässern. Es werden alle Gänsearten gezählt, inklusive Halbgänsen und Hybriden, und, soweit möglich, wird nach Alt- und Jungvögeln (Pulli oder Diesjährige) unterschieden, um den Bruterfolg zu ermitteln. Die Daten werden meist über www.ornitho.de mit einer speziellen Projektkennung übermittelt. Nach Überprüfung und Analyse der Daten wird jedes Jahr ein Kurzbericht als Feedback für alle Beteiligten erstellt.

Graugans am häufigsten

Bis an die 45 000 Gänse (und Halbgänse) wurden pro Jahr in Nordrhein-Westfalen gezählt und über alle Jahre insgesamt fünfzehn unterschiedliche Arten. Gegenüber den mehr als 200 000 Gänsen, die in Nordrhein-Westfalen überwintern, sind die Gänse im Sommer eine klare Minderheit. Zahlenmäßig stellt die Graugans (bis zu 29 000) den Hauptanteil, gefolgt von Kanadagans (9700) und Nilgans (6000). Im bundesweiten Kontext erwähnenswert sind Vorkommen von Schneegans (119 im Jahr 2013), Weißwangengans (603/2018) und Rostgans (311/2017). Hybride, allen voran Graugans x Kanadagans, werden nur in geringen Anzahlen beobachtet (bis zu 92 im Jahr 2017). Fast jährlich werden auch einige Wintergäste wie Blässgans oder Tundrasaatgans gemeldet, vermutlich Individuen, die wegen schlechter Kondition im Frühling den Rückzug in die russische Tundra verpasst haben.

Flussniederungen und Ballungsräume als Favoriten

In der Fläche ist die Nilgans im Sommer am weitesten verbreitet, mit größeren Konzentrationen im weiteren Umfeld der Flüsse, aber auch vielen Paaren und Familien verteilt in der Landschaft. Die Graugänse konzentrieren sich am stärksten am Unteren Niederrhein und an der Weser, während die Kanadagans bevorzugt in den Ballungsräumen an Rhein und Ruhr zu finden ist. Sie ist von den häufigen Arten die „Stadt-Gans" schlechthin, mit großen Ansammlungen zum Beispiel in Düsseldorf und Dortmund. Die sonstigen Arten zeigen eher ein punktuelles Vorkommen, mit einem Schwerpunkt im Rheinland und im Münsterland, und vor allem an kleineren Flussläufen, bei Abgrabungsgewässern und in wiedervernässten Mooren.

Kanadagänse sind in den Ballungsräumen in Nordrhein-Westfalen im Sommerhalbjahr eine allgegenwärtige Erscheinung.
Foto: K. Koffijberg. Düsseldorf, 10.7.2016.

Nur geringe Bestandszunahmen

Nach statistischen Korrekturen der Lücken in den Datenreihen zeigen Graugans, Kanadagans und Nilgans ab 2011 einen leichten, aber signifikanten Bestandsanstieg. Bei Kanadagans und Nilgans hat sich der Zuwachs seit 2014 bis 2015 verringert, während die Graugänse erst 2018 Anzeichen einer Stabilisierung zeigen. Bei den anderen Arten sind die Bestandstrends weniger ausgeprägt, teilweise auch wegen der geringen und teilweise wechselnden Zahlen, die über die Jahre beobachtet wurden. Die Weißwangengans erreichte 2018 ihren Höchstwert und gehört, ähnlich wie die oben genannten Arten, zu denjenigen mit einem Zuwachs seit Beginn der Zählungen 2011. Es ist noch nicht geklärt, inwiefern die hier dargestellten Bestandstrends von der Jagdstrecke beeinflusst werden (bis zu 27615 erlegte Gänse im Jagdjahr 2016/2017, davon 11725 Graugänse).

Hoher Bruterfolg vor allem bei den Halbgänsen

Der Bruterfolg wird über den Anteil an diesjährigen Vögeln am Gesamtbestand bestimmt, ähnlich wie bei den arktischen Gänsen im Winter. Hierfür wird bei nahezu allen Arten jährlich ein Großteil der Gänse nach Alter differenziert. Der durchschnittliche Jungvogelanteil 2011 bis 2018 war am größten bei Rostgans (54 %) und Nilgans (33 %), gefolgt von Weißwangengans (25 %) und Kanadagans (24 %). Bei der Graugans wurden 16 % Jungvögel registriert, mit nur wenig Variation von Jahr zu Jahr. Auch bei den anderen Arten gab es nur geringfügige Schwankungen im Bruterfolg. Nur bei Weißwangengans und Rostgans wurden in den letzten Jahren tendenziell mehr Jungvögel beobachtet. Dabei sind die Daten bei der Rostgans nicht ganz repräsentativ, weil bei dieser Art Mitte Juli sowohl erfolglose Paare als auch Paare, die sich bereits von ihren flüggen Jungvögeln getrennt haben, Mauserplätze in den Niederlanden ansteuern (bis zu 2000 Individuen 2018), sodass die Jungvögel überproportional bei der Sommer-Gänsezählung vertreten sind.

Erkenntnisse für die „Gänseproblematik“

In der Tagespresse entsteht manchmal der Eindruck, in Nordrhein-Westfalen würden im Sommer Heerscharen von Gänsen auftreten und überall für Probleme in den Ballungsräumen und in der Landwirtschaft sorgen. Die seit 2011 durchgeführten Zählungen zeigen, dass die Bestandszahlen weit geringer sind als im Winter und dass es landesweit nur einen sehr leichten Bestandsanstieg gibt, der bei einigen Arten in den letzten Jahren sogar geringer geworden ist. Das kann lokal anders empfunden werden, vor allem wenn die Gänse in Parks von regelmäßig gepflegten Grünflächen, zusätzlichen Nahrungsquellen durch Fütterung und wenig natürlichen Feinden profitieren und an bestimmten Standorten dann vermehrt auftreten.

Die Sommer-Gänsezählungen wurden bis vor Kurzem nur in Nordrhein-Westfalen durchgeführt. Seit 2018 werden auch in Niedersachsen im gleichen Zeitraum die Gänse erfasst. Eine Ausdehnung auf weitere Bundesländer würde es möglich machen, deutschlandweit die Sommerbestände und den Bruterfolg der anwesenden Gänse zu ermitteln. Das würde nicht nur wichtige Kenntnisse über heimische Arten wie die Graugans liefern, sondern auch erstmals Einblicke in Bestandsumfang und Verbreitung von (etablierten) Neozoen wie Kanadagans und Nilgans verschaffen. Eine synchrone Zählung in einem möglichst großen Raum reduziert dabei die „Randeffekte“, wie zum Beispiel Bruterfolge falsch einzuschätzen, weil die Nichtbrüter ins Nachbarland abgezogen sind.

Kees Koffijberg, Christine Kowallik

Nordrhein-Westfalen gehört bundesweit zu den Ländern mit den größten Kanadagansbeständen.

Foto: K. Koffijberg. Duisburg, 25.4.2011.

Literatur zum Thema

Eylert J 2019: Graugans *Anser anser*, Kanadagans *Branta canadensis* und Nilgans *Alopochen aegyptiaca* in Nordrhein-Westfalen: Verbreitung, Bejagung und Konflikte im Siedlungsbereich. Charadrius 54: 198-203.

Koffijberg K, Kowallik C 2019: Sommerbestände von Gänsen in Nordrhein-Westfalen 2011-2017. Charadrius 54: 151-166.

Kowallik C, Koffijberg K 2013. Does every goose count? Pifalls of surveying breeding geese in urban areas. Wildfowl 63: 90-104.

Nipkow M 2018: Ergebnisse der 1. Niedersächsischen Sommer-Gänsezählung 2018. Vogelkundliche Berichte aus Niedersachsen 46: 270-273.

Schekkerman H 2012: Aantalsschattingen van broedende ganzen in Nederland. Sovon-rapport 2012/34. www.sovon.nl/sites/default/files/doc/Rap_2012-34_Aantalsschattingen_broedende_ganzen2.pdf

Sudmann SR 2013: Neozoen in Nordrhein-Westfalen. Falke 60: 200-203.

Kees Koffijberg ist langjähriger Gänseexperte und Koordinator der Sommer-Gänsezählung in NRW. Hauptberuflich ist er tätig bei Sovon Vogelonderzoek Nederland und dem Dachverband Deutscher Avifaunisten (DDA).

Christine Kowallik beschäftigt sich seit ihrer Diplomarbeit in der Landschaftsökologie mit Gänsen – von den arktischen Wintergästen bis zur Brutbiologie in Deutschland. Bei der Biologischen Station Westliches Ruhrgebiet arbeitet sie seit 2004.

Seit 2012 werden am niedersächsischen Steinhuder Meer im Rahmen eines Wiederansiedlungsversuchs Moorenten freigelassen.
Foto: B. Volmer. Steinhude, 21.1.2017.

WIEDERANSIEDLUNGSVERSUCH AM STEINHUDER MEER:

Moorenten zurück in Niedersachsen

Seit 2012 werden am niedersächsischen Steinhuder Meer regelmäßig Moorenten in Freiheit entlassen. Das Ziel des Wiederansiedlungsversuches ist der Aufbau einer sich selbst tragenden Population, nachdem die Entenart Mitte der 1980er Jahre als Brutvogel im gesamten Bundesland ausgestorben war. Die Initiative für das Projekt kam aus dem Landesumweltministerium. Nachdem Machbarkeitsstudien einem Wiederansiedlungsprojekt durchaus gute Chancen einräumten, übernahm der NABU Niedersachsen die Projektkoordination. Über die erste Phase des Projektes berichteten wir bereits in DER FALKE 2016, H. 5. Was ist seitdem geschehen, wie bewertet man die Erfolgschancen heute und was konnten die Wissenschaftler über die doch recht unbekannte Entenart herausfinden?

Ein- bis zweimal jährlich fahren die am Projekt beteiligten Mitarbeiter des NABU, der Wildtier- und Artenschutzstation Sachsenhagen (WASS) und der Ökologischen Schutzstation Steinhuder Meer (ÖSSM) an das Ufer des größten Sees in Niedersachsen oder an eines der zahlreichen Nebengewässer, um nach kurzer Fahrt junge, aber voll flugfähige Moorenten freizulassen. Das geschieht als sogenanntes „hard-release“, also direkt aus dem Transportbehälter. Die „softe“ Variante, bei der man die Vögel, zum Beispiel Küken führende Weibchen, aus einem Eingewöhnungsgehege entlässt („soft-release“), bewährte sich nicht. Offensichtlich lockte man dadurch zu viele Prädatoren an, die scheinbar nur darauf warteten, dass die noch unerfahrenen Enten an der ihnen bekannten Stelle aus dem Gehege schwimmen. Über die Jahre gelangten 700 Moorenten in Freiheit. Erkennbar sind die Projektvögel anhand der gelben Farbringe mit einer schwarzen Aufschrift, die aus zwei Ziffern, zwei Buchstaben oder einer Kombination aus beiden besteht. Viele davon blieben am Steinhuder Meer, andere wanderten in weitere Entfernung ab.

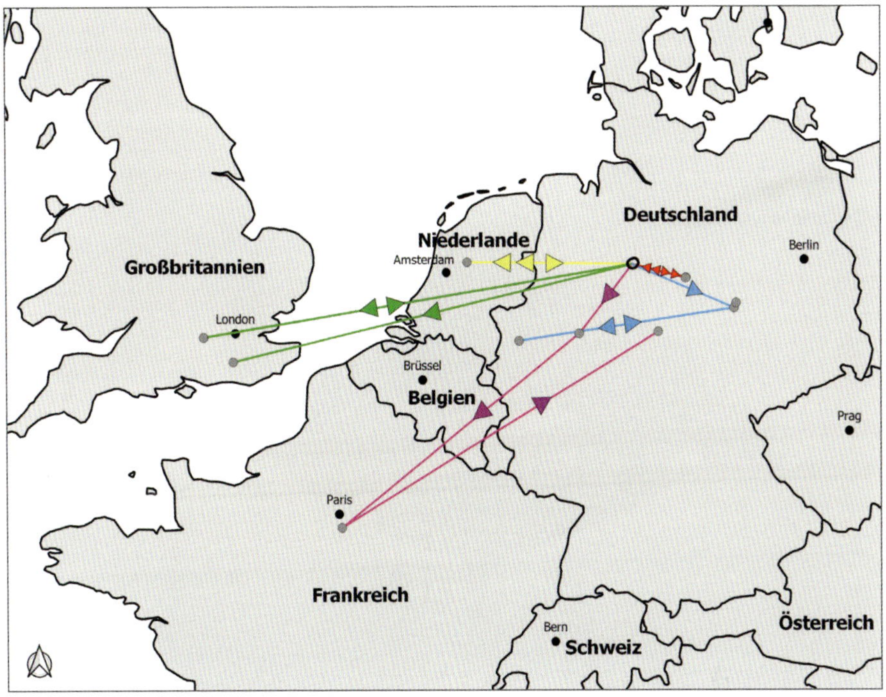

Flugbewegungen ausgewählter Moorenten (s. Text; rot: BS, blau: AE, grün: C1, gelb: EX, violett: YB).

Europaweite Rückmeldungen

Einige der Moorenten wurden über 1000 km entfernt beobachtet oder aufgefunden, in drei Fällen in Frankreich geschossen. So fiel bedauerlicherweise auch die bisher am weitesten entfernte „Projektente“ der Jagd zum Opfer – das Weibchen war 1118 km bis nach Béziers in Südfrankreich geflogen.

Für die Projektbetreuer besonders spannend sind die Vögel, die nach einer Abwanderung über eine große Entfernung wieder an das Steinhuder Meer oder an andere Gewässer in Niedersachsen zurückkehrten. Und davon gibt es mittlerweile einige. Bemerkenswert ist zum Beispiel die Beobachtung des Erpels mit dem gelben Kunststoffring „BS“, der im August 2013 freigelassen und im September und Oktober 2014 nacheinander an zwei Gewässern im Raum Braunschweig gesehen wurde (Entfernung: circa 90 km). Im Mai 2015 gelang wiederum die Beobachtung desselben Vogels am Steinhuder Meer unweit des Freilassungsortes. Hier lasen Beobachter auch im November 2015 erneut den Ring des Vogels ab, ebenso im April 2016. Im September und Oktober 2016 hielt sich der Erpel wieder in Braunschweig auf und kehrte anschließend in das

Der gelbe Kunststoffring lässt sich besonders gut ablesen, wenn die Enten am Gewässerrand oder auf einer Eiskante ruhen. Dieser Erpel ist mit dem Farbring „BY“ markiert. Foto: M. Wartlick. Auhagen, 21.3.2018.

Zunehmend werden auch unberingte Moorenten im Projektgebiet beobachtet, die mit großer Wahrscheinlichkeit in Freiheit erbrütet worden sind. Im Bild ein Männchen im Schlichtkleid.

Foto: B. Volmer. Großenheidorn, 3.1.2016.

Freilassungsgebiet zurück, wo er auch im Februar 2018 auf einem eisfreien Gewässer in der Nähe des Steinhuder Meeres in Gesellschaft von dreizehn weiteren Moorenten beobachtet wurde. Zuletzt wurde der Erpel im Juli 2018 an einem Stillgewässer bei Wunstorf 8 km vom Steinhuder Meer entfernt gesehen.

Ein weiterer Erpel („AE") konnte im Februar 2015 und Juli 2016, anderthalb Jahre nach seiner Freilassung, bei Neugattersleben nahe der Saale in Sachsen-Anhalt abgelesen werden. Die nächste Beobachtung erfolgte erst im Februar 2018, als der Erpel mindestens eine Woche am Elfrather See bei Krefeld im westlichen Nordrhein-Westfalen verbrachte (Distanz Neugattersleben – Krefeld: 357 km). Nur anderthalb Monate später wurde der Vogel wieder bei Neugattersleben in Sachsen-Anhalt beobachtet.

Deutschland – England, und zurück

Mehrere Moorenten kehrten aus dem Ausland an das Steinhuder Meer nach Deutschland zurück. Geradezu spektakulär ist die Beobachtung mehrerer wiederholt in England überwinternder Moorenten: Erpel „C1" wurde im August 2016 in die Freiheit entlassen und anschließend noch bis Dezember desselben Jahres regelmäßig im Projektgebiet beobachtet. Von November 2017 bis Februar 2018 konnten englische Ornithologen das Tier gemeinsam mit einem weiteren Erpel aus dem Projekt („U5") in einem Gewässerkomplex bei Reading in der Grafschaft Berkshire regelmäßig beobachten. Nur dreizehn Tage nach seiner letzten Beobachtung in England wurde „C1" wieder im Projektgebiet am Steinhuder Meer abgelesen (Distanz: 709 km), wo er sich nachweislich bis Oktober 2018 aufhielt. Im Januar 2019 wurde der Erpel schließlich wieder in England gesichtet, diesmal allerdings ohne Begleitung und in der Grafschaft Sussex südlich von London, wo am 31.01.2019 die bislang letzte Ablesung gelang. Zusätzlich zu den beiden gelb beringten Projektvögeln überwinterte in dem Gewässerkomplex bei Reading bereits dreimal ein Moorentenerpel mit Metallring, der möglicherweise ebenfalls dem Wiederansiedlungsversuch am Steinhuder Meer zugeordnet werden kann – denn einige wenige vor Mitte 2013 freigelassene Moorenten wurden noch nicht mit einem Farbring, sondern nur mit einem Metallring gekennzeichnet.

Im Winter bilden Moorenten oft kleine Trupps, die auf eisfreien Gewässern nach Kleinfischen jagen. Meist finden sich dabei Moorenten aus unterschiedlichen Freilassungsjahrgängen zusammen. Foto: T. Brandt. Hagenburg, 14.11.2018.

Bei der Nahrungssuche im Winter sind Moorenten häufig mit anderen Enten- und Sägerarten gemeinsam zu beobachten. Foto: B. Volmer. Steinhude, 21.01.2017.

Auch der Erpel mit dem Farbring „EX" scheint die Wintermonate lieber in den vom Golfstrom geprägten und daher milderen Regionen zu verbringen. Bereits in zwei Wintern wurde der Erpel in einem Gewässer unweit der niederländischen Nordseeküste bei Amsterdam festgestellt. Zwischen den beiden Auslandsaufenthalten wurde der Vogel mehrfach am Steinhuder Meer beobachtet.

Ein weiterer Rückkehrer aus dem Ausland ist Erpel „YB", der keine zwei Monate nach seiner Freilassung im August 2016 zunächst am Möhnesee bei Soest (Nordrhein-Westfalen) und drei Monate später am südlichen Stadtrand von Paris in Frankreich abgelesen wurde (Distanz Paris – Steinhuder Meer: 646 km). Weitere drei Monate später, im März 2017, kehrte der Vogel schließlich nach Niedersachsen zurück und wurde an einem Kiessee bei Göttingen gesehen.

Unterschiedliche Überwinterungsstrategien

Andere Moorenten flogen nicht so weit. Im Winter konnte man bislang immer wieder kleine Trupps von bis zu 30 Moorenten auf den Seitengewässern des Steinhuder Meeres sehen, wo sie zum Beispiel sehr effizient nach kleinen Nahrungsfischen (meist Kaulbarsche oder Rotaugen) tauchten – oft vergesellschaftet mit Gänsesägern, Reiherenten und Blässhühnern. Da der Flachsee schnell zufriert, ist es für den überwinternden Teil der Moorenten von Bedeutung, eisfreie Gewässer in der Nähe zu kennen, auf die sie kurzzeitig oder auch für längere Perioden ausweichen können. Und tatsächlich scheinen sich die Moorenten gut im Gebiet zurechtzufinden und ihre Optionen zu kennen. Sobald das Steinhuder Meer zugefroren ist, nutzen sie offene (tiefere oder geschützt liegende) Teiche, Fließgewässer und die nicht zufrierenden Schönungsteiche der Kläranlagen in der Umgebung. Die Wissenschaftler fanden heraus, dass sich im vergangenen Winter 21 genauer beobachtete Moorententrupps, in denen mindestens fünf Tiere identifiziert werden konnten, stets aus drei bis fünf unterschiedlichen Jahrgängen zusammensetzten. Dies deutet darauf hin, dass die jüngeren, frisch freigelassenen Vögel von dem Wissen erfahrenerer Vögel profitieren, die bereits geeignete nahrungsreiche und eisfreie Gewässer kennen. Zu den Ansammlungen gelb beringter Projektvögel gesellen sich zudem unberingte Moorenten, wahrscheinlich Nachkommen der Projektvögel, sowie zahlreiche Krick-, Schnatter- und Stockenten oder Gänsesäger. Sobald der Winter vorbei ist, sehen die Projektmitarbeiter die Moorenten wieder meist paarweise oder in kleinen Gruppen auf möglichen Brutgewässern.

Eckdaten zum Moorentenprojekt

Nicht alle Rückmeldungen gelb beringter Moorenten enthalten Angaben zum Geschlecht der Tiere. Wenn kein Foto vorliegt und außerdem der Code nicht abgelesen werden konnte, muss der Vogel der Kategorie „unbekanntes Geschlecht" zugeordnet werden.

Beringte Moorenten seit 2012

- Summe gesamt: 700
- Männchen: 352
- Weibchen: 344
- unbestimmt: 4

Funde 5–50 km Entfernung seit 2012

- Summe gesamt: 462
- Männchen: 104
- Weibchen: 68
- unbekanntes Geschlecht: 290

Funde >50 km seit 2012

- Summe gesamt: 234
- Männchen: 69
- Weibchen: 14
- unbekanntes Geschlecht: 151

Im Freiland festgestelltes Höchstalter (max. 6 Jahre möglich)

- Männchen: 1796 Tage (fast 5 Jahre)
- Weibchen: 1294 Tage (ca. 3,5 Jahre)

Weiteste Entfernung

- Männchen: 1073 km (Südfrankreich)
- Weibchen 1118 km (Südfrankreich)

Brutnachweis ist auch Glückssache

Im Prachtkleid sind die Männchen (links im Bild) von den schlichter gefärbten Weibchen anhand der hellen Iris und des kastanienbraunen Gefieders leicht zu unterscheiden. Foto: T. Brandt. NSG „Meerbruchswiesen", 29.03.2019.

Während einige Vögel nach ihrer Freilassung auf und davon fliegen und nie wieder beobachtet werden, gibt es auch Individuen, die immer wieder beobachtet und bei den Projektkoordinatoren gemeldet werden. In der Vergangenheit konnten fast 40 % der freigelassenen Enten (272 von 700) mindestens einmal, im Durchschnitt sogar 4,3-mal, wiedergefunden werden. Einzelne Moorenten wurden über den Zeitraum von mehreren Jahren bis zu 21-mal beobachtet. Insgesamt sechs Vögel hielten sich länger als vier Jahre im Projektgebiet auf und elf immerhin zwischen drei und vier Jahren. Dies zeigt, dass die in Gefangenschaft nachgezogenen Moorenten in der freien Wildbahn zurechtkommen können – dabei scheint es nach gegenwärtigem Kenntnisstand auch keine erhebliche Rolle zu spielen, ob die Tiere in der Brutmaschine („Kunstbrut") oder von der Mutter („Naturbrut") erbrütet wurden.

Für den Projektverlauf ist selbstverständlich von Bedeutung, wie viele der freigelassenen Moorenten letztlich brüten – am Steinhuder Meer oder in dessen Nähe. Die erste erfolgreiche Brut konnte man im Juni 2015 nachweisen. Seitdem gelangen jährlich Beobachtungen von ein bis drei Junge führenden Enten. Da das Projektgebiet aber sehr groß ist und mehr als 200 Gewässer unterschiedlicher Größe zur Verfügung stehen, sind die Brutmöglichkeiten unüberschaubar groß und ein Nachweis durchaus auch Glückssache. Und: Bei allen anderen Entenarten wird ein großer Teil der Gelege von Beutegreifern gefunden und gefressen. Das dürfte bei den Moorenten nicht anders sein. Insgesamt schließen die Projektbetreuer aus ihren Beobachtungen, dass jährlich min-

Sechs von sieben Brutnachweisen im Projektgebiet gelangen auf Hochmoorgewässern – die „Moorente" macht also ihrem Namen alle Ehre. Foto: T. Brandt. NSG Totes Moor, 18.5.2005.

Durch Fotofallen lassen sich Moorenten auch an schwer zugänglichen Gewässern nachweisen.

Foto: B. Breitfeld. NSG „Meerbruchswiesen", 10.6.2019.

destens zwischen sechs und zehn Paare im Gebiet mit einer Brut begonnen haben, vielleicht sogar mehr.

MOORente – der Name ist Programm?

Es lohnt sich genau hinzuschauen, wo die Moorenten brüten und welche Gewässertypen sie – zumindest für die Jungenaufzucht – nutzen. So beobachteten die Biologen sechs von sieben Junge führenden Weibchen auf Hochmoorgewässern. Einmal gelang der Brutnachweis auf einem Naturschutzgewässer in einer Feuchtwiesenlandschaft. Damit wird die Moorente ihrem Namen gerecht, zumindest auf den ersten Blick. Fraglich ist noch, ob die Enten das Hochmoor tatsächlich als Brutgebiet bevorzugen oder ob sie dort nur erfolgreicher sind, zum Beispiel weil Prädatoren seltener sind oder die Enten ihre Nester dort besser verstecken können. An der Beobachtungsdichte liegt es sicher nicht, denn die ist in den Feuchtwiesen und am Steinhuder Meer selbst als weitaus höher einzuschätzen.

Bis Ende 2019, vielleicht auch noch ein Jahr länger, sollen weitere Moorenten im Projektgebiet freigelassen werden. Die Stunde der Wahrheit rückt also näher und die nahe Zukunft wird zeigen, ob die Lebensraumqualität und die Gewässervielfalt im Projektgebiet ausreichen, um den Fortbestand einer Moorentenpopulation langfristig zu sichern. Zu wünschen wäre es der seltenen Vogelart.

Moritz Wartlick, Thomas Brandt, Eva Lüers, Holger Buschmann

Literatur zum Thema

Brandes F, Melles F 2012: Wiederansiedlung der Moorente am Steinhuder Meer – ein Beitrag zoologischer Einrichtungen zum Artenschutz in Deutschland. Zeitschrift des Kölner Zoos, 4/2012: 155-163

Melles F, Brandt T 2016: Ein Versuch zur Wiederansiedlung der Moorente *Aythya nyroca* am Steinhuder Meer, Niedersachsen – erste Ergebnisse. Vogelkundliche Berichte aus Niedersachsen 45: 37-52.

Melles F, Brandt T 2016: Wiederansiedlungsversuch am Steinhuder Meer: Moorenten zurück in Niedersachsen. Falke 63 (5): 34-39.

Moritz Wartlick ist Biologe und seit 2016 wissenschaftlicher Mitarbeiter der Ökologischen Schutzstation Steinhuder Meer (ÖSSM e. V.). Dort befasst er sich unter anderem mit Bestandserfassungen von Brut- und Gastvögeln, Reptilien und Amphibien sowie verschiedenen Naturschutzprojekten.

Thomas Brandt ist Diplombiologe und Diplomingenieur für Umweltsicherung. Seit 2001 ist er Mitglied in der Fachredaktion von DER FALKE. Hauptberuflich ist er als wissenschaftlicher Leiter der ÖSSM e. V. beschäftigt. Seit September 2017 ist er Vorsitzender der Niedersächsischen Ornithologischen Vereinigung (NOV).

Eva Lüers studierte in Oldenburg Landschaftsökologie und ist seit 2011 als wissenschaftliche Mitarbeiterin der ÖSSM e. V. vor allem mit der Bestandserfassung von Brut- und Gastvögeln sowie verschiedenen Säugetier-, Amphibien- und Libellenschutzprojekten betraut.

Holger Buschmann ist promovierter Biologe, war wissenschaftlicher Assistent an der Universität Göttingen und ist seit 2009 hauptamtlicher Vorsitzender des NABU Niedersachsen. Er betreut seit vielen Jahren universitäre Abschlussarbeiten mit ökologischen Fragestellungen und Naturschutzprojekte in den Schwerpunktbereichen Botanik, Herpetologie und Ornithologie.

Rückmeldungen erbeten

Moorenten aus dem vorgestellten Projekt können überall in Deutschland auftauchen. Um Daten über deren Verteilung, über mögliche Zugrouten und Aufenthaltsorte auswerten zu können, sind Ringablesungen für die Projektmitarbeiter von großem Interesse. Die Moorenten tragen in der Regel einen gelben Farbring mit immer zwei schwarzen Ziffern, zwei Buchstaben oder Buchstaben-Zahlen-Codes, zum Beispiel 22, BS oder S8, die mit etwas Mühe abgelesen werden können. Sitzen die Vögel auf dem Eis, auf einem Baumstamm oder am Ufer, ist das vergleichsweise einfach. Schwieriger wird es, wenn die Enten sich im Wasser aufhalten. Da hilft es, zum Beispiel beim Komfortverhalten (Kratzen) der Vögel mit einer Kamera Serienaufnahmen anzufertigen. Auch beim Abtauchen kann man manchmal ein Aufblitzen des Ringes fixieren. Die Sammlung und Auswertung von Beobachtungsdaten führt derzeit die Ökologische Schutzstation Steinhuder Meer (ÖSSM e.V.) für den NABU durch. Rückmeldungen mit Datum, Uhrzeit, Fundort und Ringnummer, gerne vergesellschaftete Arten, besondere Fundumstände und (wenn möglich) Belegfoto bitte an folgende Adresse senden: ÖSSM, Moritz Wartlick, Hagenburger Str. 16, 31547 Rehburg-Loccum, E-Mail: wartlick@oessm.org

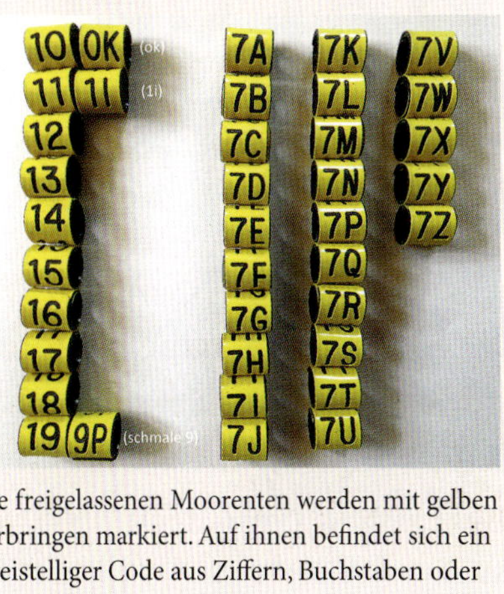

Die freigelassenen Moorenten werden mit gelben Farbringen markiert. Auf ihnen befindet sich ein zweistelliger Code aus Ziffern, Buchstaben oder der Kombination aus beiden. Foto: M. Wartlick.

Brutfloß auf dem Starnberger See.
Foto: A. Gehrold. 4.7.2014.

NISTHILFEN FÜR DEN ARTENSCHUTZ:

Von der Flussseeschwalbe zur Floßseeschwalbe

Die Flussseeschwalbe hat ihren Namen vom Brutort. Früher hat sie auf Kies- und Sandinseln in vielen großen Flüssen auch in Deutschland gebrütet. Dann erfolgte der Ausbau der Ströme zu Wasserstraßen und Inseln waren da nur im Weg. Die Flussauen wurden eingeengt und boten dem Wasser nur noch wenig Platz. Damit verschwanden viele Brutmöglichkeiten für die Flussseeschwalbe, aber auch für die Zwergseeschwalbe und den Flussregenpfeifer. Der Bau künstlicher Nisthilfen hat sich mittlerweile als erfolgreiche Artenschutzmaßnahme herausgestellt.

Im April kehren Flussseeschwalben aus den Winterquartieren an der afrikanischen Küste zurück in die Brutgebiete. Dann halten sie Ausschau nach günstigen Brutmöglichkeiten, vorzugsweise Kies- oder Sandbänke in oder an fischreichen Gewässern. Als Pionierart kehren die Vögel zwar an den letztjährigen Nistplatz zurück, der jedoch nicht mehr an gleicher Stelle vorhanden sein muss. Unter natürlichen Bedingungen sind durch Hochwasser Kiesbänke verändert, verschwunden und an anderer Stelle neu entstanden. Eine gewisse Flexibilität ist bei der Suche nach einem passenden Brutplatz also erforderlich. Aber man ist ja nicht alleine, denn Seeschwalben sind gesellig. Im Binnenland sind es meist 10 bis 100 Paare, während sich auf den Inseln im Wattenmeer mitunter mehrere 1000 Paare zu einer Kolonie zusammenfinden.

Diese flügge Flussseeschwalbe wird sich nun auf den Weg in die Winterquartiere vor der afrikanischen Küste machen und dort auch ein bis zwei Jahre verweilen. Foto: S.R. Sudmann. Birgelfeld, 20.7.2018.

Ist ein passender Niststandort gefunden, legen die Weibchen jeweils zwei bis drei Eier in eine Nistmulde im Sand oder Kies, die von beiden Elterntieren bebrütet werden. Auch die Jungenaufzucht erfolgt gemeinsam. Die Nahrung besteht hauptsächlich aus Kleinfischen, die zur Balzfütterung der Weibchen oder später als Kükenfutter einzeln im Schnabel zur Kolonie transportiert werden.

Heutzutage konzentrieren sich die europäischen Bestände der Flussseeschwalbe im Ost- und Nordseeraum, und das Binnenland Mitteleuropas ist nur noch schwach besiedelt. Während naturnahe Flüsse in Frankreich und Italien noch Inseln als Nistmöglichkeiten bieten, ist das in Deutschland aufgrund des Fließgewässerausbaus nicht mehr der Fall. Brutplätze an Fluss- und Seeufern unterliegen zudem einem stark angewachsenen Prädationsdruck, da Wanderratten, Igel, Marder, Hauskatzen, Waschbär und Fuchs gerne Eier fressen und in einer Kolonie innerhalb einer Nacht alle Gelege plündern können.

Am Starnberger See brüten Flussseeschwalben (Mitte) und Lachmöwen gemeinsam. Foto: A. Gehrold. 14.6.2019

Schlüsselfaktor Nistplatz

In den 1970er Jahren begann man in der Schweiz zum Schutz der Flussseeschwalbe neben künstlichen Kiesinseln auch Brutflöße und Nistplattformen anzubieten. Da diese Nisthilfen sofort angenommen wurden, was zu einem Anstieg der Brutbestände führte, wurden auch an mehreren Stellen in Deutschland Nistflöße ausgelegt.

So begann man in Südbayern ebenfalls in den 1970er Jahren mit Nistflößen zu experimentieren, zum Beispiel an Isar, Lech und Inn. Ab den 1980er Jahren wurden vermehrt Brutflöße angeboten und auch gut von den Flussseeschwalben angenommen. Die ersten bayerischen „Floß-Kolonien" gab es unter anderem am Ickinger Eisweiher (Isar), Ammersee, Echinger Stausee, Starnberger See und an der Salzachmündung.

Am Oberrhein und am Unteren Niederrhein wurden Anfang der 1980er Jahre die ersten Brutflöße ausgebracht, denen bald weitere nachfolgten. Neben künstlichen Inseln waren sie der Grund für die Bestandserholung in Baden-Württemberg, Rheinland-Pfalz und Nordrhein-Westfalen. Mittlerweile liegen in fast allen Bundesländern Nistflöße. Selbst im gewässerarmen Saarland konnte 2017 die erste Brut beobachtet werden.

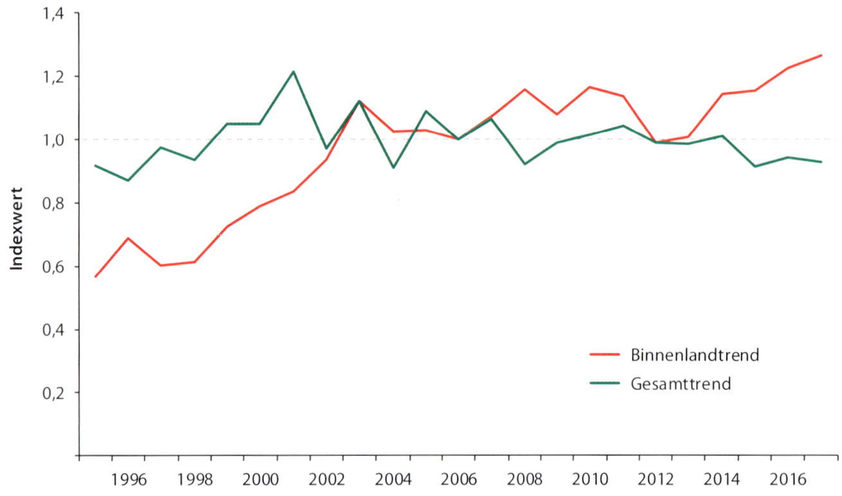

Die Anzahl der Brutpaare der Flussseeschwalbe ist in Deutschland seit 1995 weitgehend stabil, während der Anteil der Binnenlandbruten dagegen deutlich zugenommen hat (Indexdarstellung mit 100 % im Jahr 2006). Quelle: DDA.

Flöße, Plattformen und Bunker

Bei der Konstruktion der Flöße sind der Fantasie und den handwerklichen bzw. finanziellen Möglichkeiten keine Grenzen gesetzt. Wichtig ist ein Schwimmkörper mit einer Plattform und einer Kiesschicht. Bei höher aus dem Wasser ragenden Flößen schützt ein Zaun die Küken vor dem Fall ins Wasser. Die Palette reicht von 1 m^2 großen Eigenbauten bis zu Holzflößen von 100 m^2, die nach dem Vorbild der Original-Isar-Baumstammflöße gebaut wurden. Da Holzkonstruktionen leichter verrotten, werden am Niederrhein mittlerweile überwiegend Pontons mit Baustahl- und Gummimatten verwendet, auf die die Kies-Sand-Schicht aufgebracht wird. Diese Flöße halten mindestens zwanzig bis dreißig Jahre. Aber auch aus Beton gegossene Flöße mit Hohlkörper sind zum Beispiel in Tschechien im Einsatz. Auf Gewässern mit größeren Wasserstandsschwankungen müssen die Flöße lockerer verankert werden. Zur Orientierung ist es wichtig, dass auf den Flößen Strukturen wie größere Firstziegel, Unterstände oder Äste vorhanden sind. Unterstände bieten Küken zudem Unterschlupf bei schlechter Witterung und Hitze oder Versteckmöglichkeiten bei Prädation.

In Gewässern mit geringen Wasserstandsschwankungen kann man auch Nistplattformen oberhalb der Wasserlinie bauen. Diese wirken mehr wie Inseln und können auch größer gebaut werden. Im mediterranen Raum werden sie vermehrt errichtet und dort auch von Zwergseeschwalben genutzt. Die größte Kolonie auf einem künstlichen Niststandort in Deutschland befindet sich am Banter See in Wilhelmshaven (s. Kasten).

Mit dem Einsatz der Nisthilfen konnte das Aussterben der Flussseeschwalben an vielen Stellen verhindert werden. Zudem wurden dadurch Neuansiedlungen möglich. Die Flöße schwimmen auf Gewässern außerhalb der Flussaue, sodass Totalverluste durch Sommerhochwasser keine Rolle mehr spielen. Nahrung ist meist in ausreichender Menge vorhanden, sodass ein konstant guter Reproduktionserfolg erzielt wird.

Dies hatte Auswirkungen auf die Bestandsentwicklung: Zum Beispiel stieg die Brutpaarzahl in Südbayern von 37 im Jahr 1980 auf über 400 im Jahr 2018, am Unteren Niederrhein von 10 auf fast 200 im gleichen Zeitraum. Nahezu alle Paare nisten auf Flößen oder künstlichen Inseln. An vielen weiteren Stellen wurden Brut-

Die Beutetiere, hier eine junge Schleie, werden einzeln im Schnabel zur Kolonie getragen, um sie dem Partner oder Küken zu übergeben. Foto: S. R. Sudmann. Birgelfeld, 10.7.2018.

flöße angenommen und der deutsche Binnenlandbestand hat sich von etwa 1200 Paaren im Jahr 1995 auf circa 2700 im Jahr 2017 mehr als verdoppelt.

Prädatoren und Konkurrenten

Die Nistflöße bieten Schutz vor Hochwasser und Prädation durch Säugetiere, die die meist hoch über dem Wasser liegenden Flöße in der Regel auch schwimmend nicht erreichen bzw. erklettern können (Schutz vor Wanderratten). So tritt Prädation nur durch Vögel (Eulen, Greifvögel, Möwen) auf und ist ein insgesamt seltenes Ereignis. In einzelnen Jahren kann es jedoch dazu kommen, dass der Bruterfolg einer ganzen Kolonie zunichte gemacht wird. Mitunter führt dies zur zeitweisen Aufgabe einzelner Koloniestandorte, weshalb auch immer Ausweichstandorte zur Verfügung stehen müssen.

Aber auch andere Vogelarten haben die Nistflöße als sichere Brutplätze entdeckt und treten mit den Seeschwalben in Konkurrenz. Dies betrifft vor allem Möwen (regional unterschiedlich Lach-, Sturm-, Mittelmeer- und Silbermöwe), die die Flussseeschwalben vollständig von den Flößen verdrängen können. Dagegen nutzen zum Beispiel Stockente, Graugans oder Nilgans die Flöße gemeinsam mit den Seeschwalben, und unter den Unterständen brüten mitunter auch Bachstelzen erfolgreich.

Aber auch innerhalb der anwachsenden Flussseeschwalbenkolonien kann es

Forschungskolonie Banter See

Die Betoninselkette am Banter See in Wilhelmshaven beherbergt mit derzeit etwa 700 Brutpaaren die zweitgrößte Kolonie der Flussseeschwalbe an den deutschen Küsten (größte Kolonie mit circa 2000 Paaren im Neufelderkoog bei Brunsbüttel). Der Standort ist ideal für Artenschutz und Forschung. Durch die Arbeiten des Instituts für Vogelforschung, Wilhelmshaven, die seit 2016 von PD Dr. Sandra Bouwhuis geleitet werden, ist die Kolonie eine der weltweit am längsten und intensivsten untersuchten Brutpopulationen dieser Vogelart. Die elektronische Markierung der Mehrzahl der Brutvögel mit Transpondern und ihre automatische Registrierung lassen detaillierte individuenbasierte Untersuchungen vielfältiger Aspekte der Flussseeschwalben-Biologie zu. Jahr für Jahr werden die für die Bestandsentwicklung wesentlichen demografischen Parameter ermittelt. Weitere Schwerpunkte sind Forschungen zur Lebensgeschichte, Genetik, Nahrungs- und Verhaltensökologie sowie zum Zug.

Die unterdurchschnittlichen Bruterfolge der Jahre 2002 bis 2009 gingen hauptsächlich auf ein Verhungern der Küken zurück und gaben Anlass zu einer zehnjährigen Untersuchung zur Nahrungsgrundlage der Seeschwalben im Wattenmeer, beauftragt von der Nationalparkverwaltung. Hohe Dichten an Heringen, Stinten und Sprotten innerhalb des Jagdradius, Winde zwischen 3 und 6 Beaufort ohne Niederschlag, Wassertemperaturen unterhalb 22 °C sowie alternative hochwertige Beutetiervorkommen sind Voraussetzung für hohen Bruterfolg. Die Ergebnisse erweitern das Verständnis der sehr komplexen Prozesse, die die Räuber-Beute-Beziehung zwischen Seevögeln und Fischen steuern.

Auch die Nahrungsverfügbarkeit während des Zuges und der Überwinterung in West- bis Südwestafrika wirkt sich auf die Bestandsentwicklung aus. Deshalb werden Geschlechts- und Altersunterschiede in den Zugabläufen und Überwinterungsgebieten sowie ihre Variabilität von Jahr zu Jahr mit Hilfe von Geolokatoren untersucht.

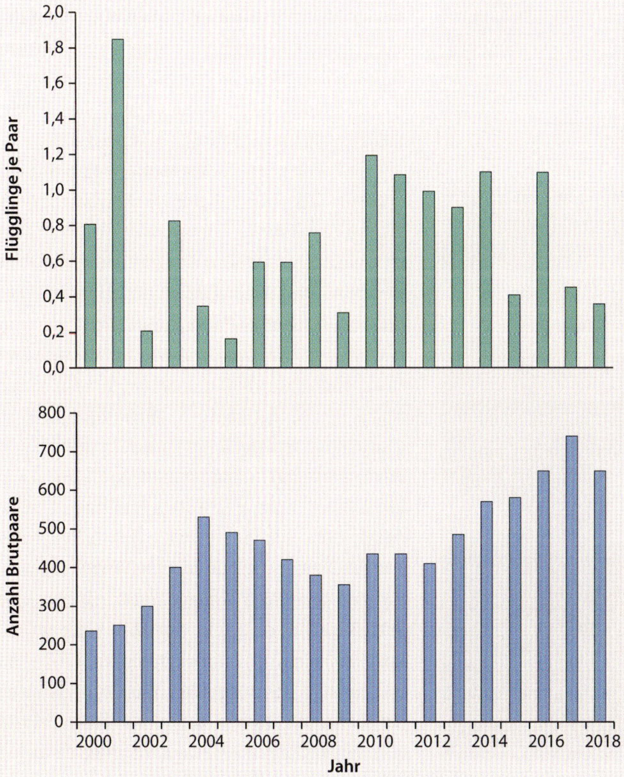

Bruterfolg und Brutbestand der Flussseeschwalbe auf den sechs Betoninseln am Banter See mit Rattenschutzstreifen und den Installationen zur automatischen Erfassung und Wägung der Individuen. Aufgrund guter Bruterfolge in den Jahren 1999 bis 2001 stieg der Bestand auf 530 Paare in 2004. Anschließend ging die Koloniegröße infolge geringer Bruterfolge bis 2009 stetig zurück. Günstigere Brutergebnisse von 2010 bis 2014 resultierten in erneuten Bestandszunahmen bis auf 740 Paaren im Jahre 2017. Der durchschnittliche Bruterfolg am Banter See von einem Jungvogel je Paar und Jahr gleicht die Sterblichkeit der Altvögel mehr als aus und führt zum langfristigen Bestandszuwachs.

Quellen: Daten von P. H. Becker und S. Bouwhuis. Foto: P. H. Becker, 15.5.2019.

Mit der Zeit kann sich Mauerpfeffer einstellen, auf dem die Seeschwalben nisten.
Foto: S.R. Sudmann. Diersfordter Waldsee bei Wesel, 18.6.2008.

Gelege mit einem etwa zehn Tage alten und einem fast flüggen Küken.
Foto: S.R. Sudmann. Birgelfeld bei Kalkar, 8.7.2016.

Unterstände bieten Schutz.
Foto: S.R. Sudmann. Birgelfeld bei Kalkar, 8.7.2016.

mit zunehmender Nestdichte auf dem begrenzten Raum zu intraspezifischen Aggressionen und einem Absinken des Reproduktionserfolgs kommen. In der großen Kolonie „Banter See" am Wattenmeer zeigte sich, dass der Bruterfolg nicht durch die Nestdichte reguliert wurde, sondern vielmehr von der Gesamtkoloniegröße abhängig war. Mit dem Anwachsen der Kolonie konkurrieren mehr Seeschwalben um die gleichen Nahrungsressourcen.

Brutplätze auf Inseln

Inseln sind nicht nur optisch schöner, sondern auch natürlicher als Flöße. Die Küken haben mehr Platz und können bereits vor dem Flüggewerden im Wasser schwimmen. Das Problem ist jedoch die Sukzession. Inseln sind nicht nur für Seeschwalben attraktiv, sondern werden auch von Gänsen, Kormoranen und Möwen als Ruheplatz genutzt. Dabei wird der zu Beginn nährstoffarme Untergrund gut gedüngt und schon nach wenigen Jahren wachsen die ersten Pflanzen. Gräser und Kräuter sind unproblematisch, doch mit dem Aufwachsen von Weidengebüsch verliert der Brutplatz schnell an Attraktivität. An Flüssen wurden durch die Gewässerdynamik immer wieder neue Inseln und Kiesufer geschaffen. Auf künstlichen Inseln sind dagegen schon nach wenigen Jahren enorme Anstrengungen notwendig, um das Gehölzaufkommen zu beseitigen. So konnten zum Beispiel in Nordenham drei Inseln durch jahrelanges Management des Naturschutzvereins Nordenham als Nistplatz für 50 bis 130 Flussseeschwalbenpaare erhalten werden. Am Diersfordter Waldsee erfolgt eine Freihaltung der Inseln durch Schafbeweidung nach der Brutzeit und anschließenden Arbeitseinsätzen der Biologischen Station im Kreis Wesel. Trotzdem sind die Flussseeschwalben dort wieder verschwunden und auf nahe gelegene Flöße ausgewichen, da die Inseln nun von Möwen okkupiert wurden (zwischenzeitlich sechs Arten) und die Großmöwen die Seeschwalbenküken zum Fressen gern haben. Dies zeigt, dass die Schaffung von künstlichen Inseln kein Selbstläufer ist, sondern einer kontinuierlichen Pflege bedarf, wenn dort Flussseeschwalben langfristig brüten sollen.

Vor dem Hintergrund, dass die Flussseeschwalbenbestände an der Nordseeküste seit Mitte der 1990er Jahre einen starken Rückgang erfahren haben und an der Ost-

Auf Nistflößen kann die Brutdichte sehr hoch werden. Hier brüteten maximal 57 Paare auf 30 m² (ein Teil der Gelege ist außerhalb des Bildes). Foto: S.R. Sudmann. Diersfordter Waldsee bei Wesel, 9.6.2017.

seeküste seit längerer Zeit rückläufig sind, kommt den Binnenlandpopulationen ein neuer Stellenwert zu. Anfang der 1990er Jahre lag der Anteil der Binnenlandpopulation am deutschen Gesamtbestand bei nur 6 %. Aktuell liegt er bei knapp 30 % und ein Großteil davon brütet auf Flößen! An diesem großartigen Artenschutzerfolg haben viele Ehrenamtler im ganzen Land mitgewirkt. Ihnen ist es zu verdanken, dass die Flussseeschwalbe zur „Floßseeschwalbe" geworden ist.

Stefan R. Sudmann, Peter H. Becker, Andrea Gehrold

Literatur zum Thema

Becker PH, Helbig AJ 1998: Themenheft Flußseeschwalbe. Vogelwelt 119, Heft 3-5.

Becker PH, Ludwigs J-D 2004: *Sterna hirundo* Common Tern. In (Parkin D Hrsg.) BWP Update Vol. 6 Nos 1/2: 93-139. Oxford University Press.

Dänhardt A, Riechert J, Bouwhuis S, Millat G, Abel C, Becker PH 2018: Nahrungsnetzbeziehungen zwischen Flussseeschwalben und Fischen an der Jade. Forschungsergebnisse 2006-2015. Schriftenreihe der Nationalparkverwaltung „Niedersächsisches Wattenmeer" Bd. 16, Lüllau/Wilhelmshaven.

Zintl H, Gehrold A 2016: Die Flussseeschwalbe *Sterna hirundo* in Bayern ab Mitte des 20. Jahrhunderts: Bestandsentwicklung, Schutzmaßnahmen und Bruterfolg. Ornithol. Anz. 55: 1-22.

www.ifv-vogelwarte.de/das-institut/mit-flussseeschwalben-auf-du-und-du.html

Stefan R. Sudmann s. Seite 8.

Dr. Peter H. Becker, stellv. Dir. i. R. am Institut für Vogelforschung, Wilhelmshaven. Seevogelökologie ist sein Haupt-Forschungsthema. Er initiierte und leitete das Flussseeschwalbenprojekt des Instituts 37 Jahre lang. Die Waterbird Society zeichnete ihn 2014 mit dem Robert-Cushman-Murphy-Preis für sein Lebenswerk aus.

Dr. Andrea Gehrold ist Gebietsbetreuerin für den Starnberger See beim Landesbund für Vogelschutz in Bayern e.V. Sie führt das langjährige bayernweite Flussseeschwalben-Monitoring von Heribert Zintl seit 2015 als Koordinatorin fort.

Die Flussseeschwalbe war erfolgreich und hat einen Kleinfisch erbeutet, der hinsichtlich der Größe ideal für kleine Küken ist. Foto: S.R. Sudmann. Rosau bei Rees, 26.5.2011.

Freilassung frisch beringter Weißwangengänse.
Sender: MadebyTheo. Foto: H. Kruckenberg. Unterelbe, 2017.

GANS GENAU PER SATELLIT:

Zugstrategien von Bläss- und Weißwangengänsen

Blässgänse und Weißwangengänse sind Zugvögel mit sehr ähnlichen Lebensraumansprüchen, die in Sibirien brüten und im Wattenmeer und an den Küsten der Nordsee überwintern. Ausgelöst durch den Verdacht, Überträger der Vogelgrippe zu sein, wurden die Zugrouten und das Zugverhalten mittels Satellitensendern genauer untersucht und interessante Erkenntnisse über Unterschiede des Zugverhaltens zwischen den Arten sowie im Laufe der Zeit entdeckt.

Im Jahr 2005 bewegte das Auftreten der Vogelgrippe die Welt. In Asien wurde Hausgeflügel zu Tausenden getötet, um die Ausbreitung der gefährlichen Variante von H5N1 zu begrenzen. Als die ersten Fälle auch in Europa auftraten, waren die Veterinäre schnell dabei, die Zugvögel für die Verbreitung der Tierseuche verantwortlich zu machen. In einem Dokument der EU wurde hier insbesondere die Blässgans als gefährliche Art benannt. Es bedurfte nicht viel Kenntnis, um diese einfache Weltsicht als unbegründet zu erkennen, doch wurde wieder vor Augen geführt, wie wenig wir alle vom internationalen Vogelzug im Detail wussten.

Im Herbst 2005 trat das Vogelschutz-Komitee (VsK) mit einer Idee an die AG Gänseforschung in Osnabrück heran: Mithilfe der Besenderung von Blässgänsen sollten eindeutige Belege für bzw. gegen die Bedeutung der arktischen Gänse als Vektor für die Vogelgrippe gesammelt werden. Fünf damals noch extrem teure Satellitensender wurden beschafft und in den Niederlanden auf die Rücken von Gantern montiert. Diese lieferten damals nur vier bis fünf Positionen pro Tag. Die Ergebnisse waren bemerkenswert, flog doch gleich einer dieser Vögel eine höchst ungewöhnliche Route über die Nordukraine in die sibirischen Brutgebiete. Die ersten Ergebnisse bewogen im Folgejahr die niederländische Regierung, weitere Sender zu finanzieren.

Moderne Satellitensender benötigen keine Außenantenne mehr, die von den Vögel abgebissen werden könnte. Foto: H. Kruckenberg. Kolguev, 2018.

Immerhin bis 2010 waren diese Rucksacksender unterwegs. Im Sommer 2013 kamen dann technisch neue Sender zum Einsatz. Die Technik verbesserte sich bisher stetig, sodass die aktuellen Sendertypen mittlerweile nicht nur extrem viele Positionen speichern und mittels mobilen Internets in Echtzeit übertragen können, sondern auch mittels ACC-Chips Verhaltensparameter und vieles mehr erfassen können.

Blässgänse reisen auf der grünen Welle – Weißwangengänse nonstop

Immer in der letzten Märzdekade ziehen die Blässgänse innerhalb weniger Tage aus Westeuropa ab. Dieses Datum hat sich auch in den vergangenen Jahrzehnten kaum verändert. Die komplexen Wege, die gerade die Blässgänse im Frühjahr nehmen, waren in dieser Ausprägung zuvor unbekannt. Bläss-

Da Weißwangengänse einen kleinen Kopf haben, werden hier bisher Rucksacksender benutzt. Foto: H. Kruckenberg. Kolguev, 2018.

gänse aus Westeuropa fliegen nicht nur über Polen und das Baltikum nach Nordrussland, sondern nehmen auch deutlich längere Routen. So zieht ein Teil der Vögel zunächst nach Polen, um dann in der Nordukraine in der Region von Tschernobyl eine längere Pause einzulegen. Danach drehen sie auf Nordrichtung und fliegen eilig Richtung Kanin-Halbinsel. Dieses Muster hat sich in den letzten fünfzehn Jahren verändert. Zog noch Ende der 2000er Jahre ein größerer Anteil der besenderten Gänse durch Zentralrussland, so überwiegt heute die Baltikumroute. Auch der Weg über die Ukraine wird noch immer genutzt. Eine Analyse des Zugverhaltens erklärt dies mit Veränderungen der landwirtschaftlichen Nutzung in Russland. Mit der Liberalisierung der Märkte dort ist eine starke Landflucht und damit eine großflächige Aufgabe der Landnutzung verbunden. Die Flächen fallen brach und entwickeln sich zu Wald. Für die rastenden Gänse werden die Zwischenrastplätze knapper und eine Überquerung des Taigagürtels schwierig. Entsprechend stellen die Blässgänse ihre Zugwege um. Mitverantwortlich dürfte auch die teils sehr intensive Jagd auf dem Frühjahrszug in Russland sein.

Im Gegensatz zur Blässgans hat sich das zeitliche Zugverhalten der Weißwangengänse massiv verändert. Die meisten arktischen Weißwangengänse ziehen mittlerweile rund sechs Wochen später ab als noch vor vierzig Jahren. Warum ist das so? Beide Arten repräsentieren ganz unterschiedliche Reisestrategien. Blässgänse wandern innerkontinental immer knapp hinter der Schneeschmelze her. Hier passen sie den Zeitpunkt der optimalen Vegetationsentwicklung ab (hoher Protein- und geringer Raufasergehalt). Für diese Wanderung benötigen sie gut acht Wochen. Immer wieder machen sie Zwischenstopps und füllen die Körperfettreserven auf. Dies konnte mit den Ergebnissen der Satellitensender eindrucksvoll bewiesen werden. Blässgänse surfen also mit der „Grünen Welle" in die Brutgebiete. Im Brutgebiet selbst konnten wir beobachten, dass Blässgänse in den 28 Tagen der Bebrütung das Gelege selten oder gar nicht verlassen. Sie haben also auch den Energievorrat für die Inkubationszeit aus den Rastgebieten auf dem Weg mitgebracht („capital breeder"). Ein gänzlich anderes Bild zeigen die Weißwangengänse: Noch in den 1980er Jahren verließen auch sie das Wattenmeer Anfang April, legten noch eine Zwischenrast im Ostseeraum und später im Weißen Meer ein, bevor sie in die Brutgebiete zogen, die auch sie Ende Mai erst erreichen müssen. Für die Weißwangengänse allerdings änderte sich die Welt erheblich. Mitte der 1980er Jahre besiedelten Weißwangengänse, die möglicherweise aus dem Stockholmer Nationalstadtpark stammten, die Ostseeinseln Gotland und Öland und machten den Durchzüglern Konkurrenz. Ende der 1980er Jahre fielen zudem als Folge des Untergangs der Sowjetunion immer mehr Grünlandflächen im Baltikum brach und verbuschten. Insgesamt nahm der Ostseeraum erheblich ab in seiner Qualität als Lebensraum für die Gänse. Die Weißwangengänse mussten darauf reagieren und fliegen heute nonstop vom Wattenmeer zum Weißen Meer. Dies kostet allerdings mehr Energien und daher müssen sie länger in den Salzwiesen fressen. In den Brutgebieten zeigt sich dann, dass die Weißwangengänse regelmäßig das Nest verlassen um Nahrung aufzunehmen.

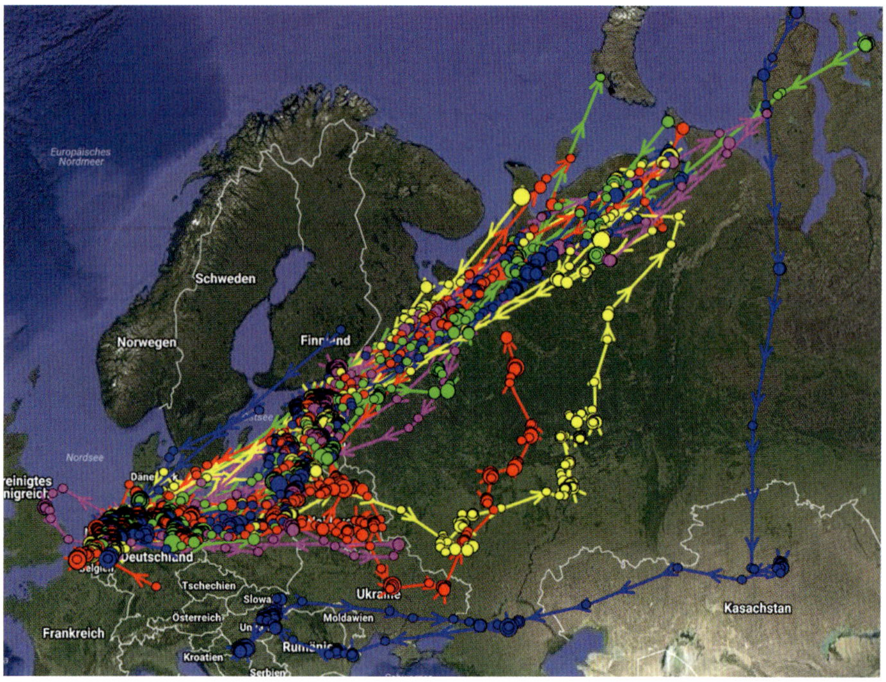

Frühjahrszug satellitenbesenderter Blässgänse 2016/2017 in die Brutgebiete. Die Farben repräsentieren einzelne Individuen.

Quelle: www.blessgans.de

Die ersten Sender mit hoher räumlicher Auflösung mussten 2013 vor Ort mittels Funkverbindung ausgelesen werden.

Foto: H. Kruckenberg.

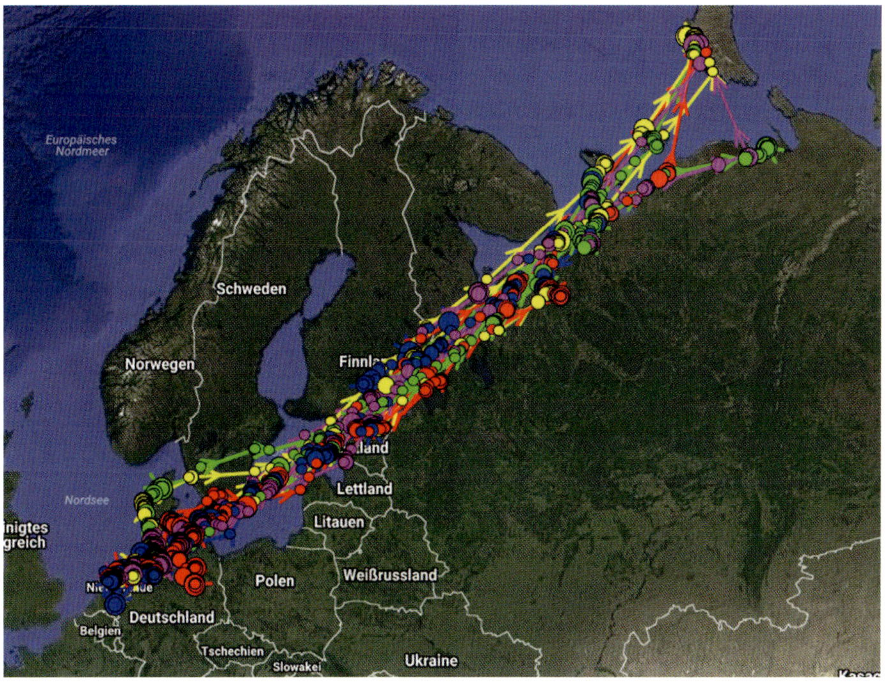

Frühjahrszug satellitenbesenderter Weißwangengänse in die Brutgebiete. Die Farben repräsentieren einzelne Individuen.
Quelle: www.blessgans.de

Ihre Reserven sind offenbar nicht ausreichend. Sie müssen zur Deckung der Kosten vor Ort fressen („income breeder"). Möglicherweise erleichtert das Brüten in Kolonien diese Strategie, denn natürlich bedeutet das Verlassen des Nestes zusätzliche Gefahren.

Elektronischer Herkunftsnachweis

„Woher kommen unsere Zugvögel?" – das ist eine alte Frage der Vogelfreunde. Satellitensender bringen dort Licht, wo Beringung und Farbmarkierung nicht weiterhalfen. Die russische und sibirische Arktis ist aufgrund der schwierigen Zugänglichkeit und der wenigen Beobachter dort für die traditionelle Zugvogelforschung ein schwarzes Loch. Satellitensender ermöglichen es jetzt, auch den Zug durch die unbewohnte Arktis im Detail zu verfolgen. Die Blässgänse, die im Winter in den Niederlanden oder Westniedersachsen rasten, fliegen überwiegend zu Brutgebieten in Nordrussland. Oftmals ist dies die Insel Kolguev in der Barentssee, wo etwa ein Drittel des weltweiten Blässgansbestandes brütet. Aber auch auf Gydan oder Yamal konnte Brutverhalten der Sendervögel gefunden werden. Hier werden Jahr für Jahr die gleichen Brutplätze aufgesucht. Durch die hohe räumliche Auflösung der Senderdaten lässt sich erkennen, ob das Paar erfolgreich gebrütet hat oder das Gelege verloren ging. Spannend ist auch das Verhalten während der Jungenaufzucht: So brüten die Blässgänse auf Kolguev nahezu auf der gesamten Insel. Doch die für Küken besonders geeigneten Nahrungsgebiete liegen offenbar in den hochgelegenen Tundren der Inselmitte. Also wandern die Gänseeltern am zweiten Tag nach dem Schlupf mit den Küken entlang der Flüsse und Bäche in das Inselinnere. Entfernungen von bis zu 20 km werden innerhalb von zwanzig Stunden zurückgelegt. Hier, wo der Schnee später schmilzt und die Vegetation entsprechend jünger ist, werden die Küken groß. Und noch eine Besonderheit konnte mittels der Sender gefunden werden. Einige Familien kehren vor dem Abzug Richtung Südwesten zunächst kurz an den Brutplatz zurück, vielleicht um diesen noch einmal zu kontrollieren. Wenn das Paar im kommenden Frühjahr zum Nistplatz zurückkehrt, erlebt es so keine böse Überraschung.

Wer zu spät kommt, den bestraft das Leben

Ein optimales Timing ist auch für die weitreisenden Blässgänse von höchster Bedeutung. In einigen Fällen konnten besenderte Individuen mehrere Jahre verfolgt werden. Der Sendervogel „Kees" ist hier ein gutes Bespiel (www.blessgans.de//index.php?id=tracking_kees). Der Vogel wurde in den Niederlanden gefangen und konnte drei Jahre verfolgt werden. In allen Jahren traf er am 25. Mai an seinem Brutplatz auf Kolguev ein. Allerdings waren die Witterungen in den Frühjahren sehr unterschiedlich und so liegen zwischen dem frühesten und spätesten Aufbruch knapp 21 Tage. Wie hat Kees es nun dennoch hinbekommen, pünktlich am Nistplatz zu

Sender mit Datenlogger und Sendereinheit 2013. Der Sender schickte seine Position, die Daten mussten aber vor Ort ausgelesen werden.
Sender: e.obs. Foto: H. Kruckenberg. Kolguev, 2013.

Die traditionellen Ganzenflapper (niederld. = Gänsefänger) in den Niederlanden sind wichtige Mitarbeiter im europäischen Gänseprojekt. Hier wird ein Klappnetz gespannt. Foto: H. Kruckenberg. 2013.

erscheinen? Natürlich könnte er schneller geflogen sein. Aber er machte es deutlich raffinierter: Offenbar haben Gänse eine sehr genaue räumliche Vorstellung von ihrer Zugroute und der Lage der Rastgebiete. Wie auch schon von anderen Vögeln bekannt, haben auch Blässgänse eine ausgeprägte Rastplatztradition. Diese besteht aber nicht nur für den Überwinterungsort, sondern auch für die Trittsteine entlang der Zugroute. Neben obligaten Rastplätzen gab es auch andere, die bedarfsweise von Kees ausgelassen wurden, um schneller vorwärts zu kommen. So kann er die Zugroute über zusätzliche oder verlängerte Aufenthalte jeweils an die Wetterlage und die lokalen Bedingungen anpassen – und somit zur rechten Zeit vor Ort ankommen.

Überraschungen auch bei uns

Doch nicht nur in der fernen Arktis bringen Satellitensender neue Erkenntnisse über die arktischen Gänse. In Niedersachsen wurden in den letzten Jahren intensive Untersuchungen an Blässgänsen durchgeführt. Neben einigen sehr ortstreuen Individuen gibt es auch echte „Nomaden". Dies war bereits aufgrund der halsmarkierten Gänse bekannt, wird aber natürlich mit der hochgenauen Beobachtung über Satellitensender nochmals bestätigt. Es zeigt sich eine sehr intensive Verflechtung der winterlichen Rastgebiete. Oftmals sind es nur wenige Tage, die die Blässgänse in einem Rastgebiet verbleiben, bevor sie in andere Gebiete abwandern. Diese Rastgebiete sind aber den Vögeln bekannt und es zeigen sich sehr individuelle Reiserouten. In Nordwest-Niedersachsen stellten wir überrascht fest, dass es weit mehr Schlafplätze in der Region gibt, als bisher vermutet wurde. Die rastenden Blässgänse übernachten traditionell auf den Wattflächen des Dollarts und fliegen von hier aus morgens in die benachbarten Grünlandareale. Dies wurde durch einige Vögel ausdrücklich bestätigt. Neu war allerdings, dass es auch häufig genutzte Schlafplätze auf der Ems sowie in den im Osten gelegenen Hochmooren gibt. Das vertraute Modell der Rastgebiete, die sich um einen Schlafplatz gruppieren, wird abgelöst von der Vorstellung eines Netzes nutzbarer Schlafplätze, die in Abhängigkeit von Nahrungsplatz, Störungen und Wasserstand aufgesucht werden.

Was war jetzt mit der Vogelgrippe …

Wie auch aufgrund der jahrzehntelangen Metallberingung der Vogelwarten abzusehen, kommen Blässgänse (wie fast alle Zugvogelarten) nicht als Vektoren für die Übertragung der Vogelgrippe von Südostasien nach Westeuropa infrage. Die Zugwege liegen weit auseinander. Die ostsibirischen Vorkommen gehören zu unterschiedlichen Teilpopulationen oder gar Unterarten. Wenn, dann gibt es nur auf den weit östlichen Mauserplätzen die Gelegenheit, andere Gänse, Enten oder Limikolen vom westpazifischen Flyway zu treffen. Tausende von Blutproben gefangener Gänse zeigten, dass es in den arktischen Brutgebieten keine Infektion mit hochaggressiven Vogelgrippeviren gibt. Betrachtet man den gesamten Flyway während der Wintersaison, so sieht es so aus, als wenn die Vögel sich erst im Winterhalbjahr bei uns mit der harmlosen Variante dieser Grippeviren infizieren. Die Transportwege der besonders tödlichen Viren, die in den

Zahme Lockvögel helfen beim Gänsefang. Foto: H. Kruckenberg. 15.2.2010.

Die Halsbandsender tragen zusätzlich einen individuellen Code. Foto: H. Kruckenberg. 23.1.2016.

Geflügelhaltungen zu Massentötungen führten, scheinen zum allergrößten Teil menschlicher Natur zu sein.

Ausblick

Gerade das Vorkommen von Wildgänsen erzeugt in vielen Teilen Europas schwere Konflikte zwischen Landwirtschaft und Artenschutz. Lösungsansätze für diese Konflikte sind häufig durch geringes Grundlagenwissen schwierig und oftmals bleibt bei einem vermeintlich schlauen Ansatz der Erfolg aus. Gerade hier helfen besenderte sowie markierte Tiere. Mit den gewonnenen Daten können die lokalen wie auch die überregionalen Auswirkungen von „Management" untersucht und evaluiert werden. Werden lokal Gänse vertrieben, dann sind sie ja nur woanders. Was tun sie dort? Werden Konflikte verschoben oder wirklich gelöst? Auch die Wirksamkeit von Schutzmaßnahmen in unseren Natura 2000-Gebieten lässt sich so überwachen. Werden die Vögel häufig gestört und fliegen herum? Welchen Einfluss hat der Flug- oder Straßenverkehr auf die rastenden Gänse? Und gibt es Folgen für den Bruterfolg im kommenden Sommer? Welche Veränderungen bringt der mittlerweile unübersehbare Klimawandel für diese und andere Zugvogelarten? Mehr und mehr zeigt sich, dass intensive Begleitstudien für den Naturschutz von grundlegender Bedeutung sind.

Helmut Kruckenberg

Weißwangengans mit Rucksacksender. Foto: H. Kruckenberg. 3.11.2016.

Literatur zum Thema

Bergmann H-H, Kruckenberg H, Wille V 2006: Wilde Gänse – Wanderer zwischen Wildnis und Weideland. G. Braun, Karlsruhe.

Grischchenko M, Prins HHT, Ydenberg RC, Schaepman ME, de Boer WF, de Knegt HJ 2019: Land use change and the migration geography of Greater White-fronted geese in European Russia. Ecosphere 10e02754.

Kruckenberg H, Kondratyev A, Mooij JH, Zöckler C, Zaynagutdinova E 2008: White-fronted Goose Flyway Population Status. Angewandte Feldbiologie Bd 2: 1-63.

Van Wijk RE, Kölzsch A, Kruckenberg H, Ebbinge BS, Nolet GJDM, Nolet BA 2011: Individually tracked geese follow peaks of temperature acceration during spring migration. Oikos 121: 655-664.

Yin S, Kleijn D, Müskens GJDM, Fouchier RAM, Verhagen JH, Glazov PM, Si Y, Prins HHT, de Boer WF 2017: No evidence that migratory geese disperse avian influenza viruses from breeding to wintering ground. PLOSone 12 DOI: 10.1371/journal.pone.017777790

Die Sender sind überwiegend online nachzuverfolgen: www.gänseforschung.de

In verschiedenen Projekten wurden Gänse besendert. Die Besenderung 2006 bis 2010 wurde finanziell durch die Förderung des Vogelschutz-Komitee (VsK, www.vogelschutz-komitee.de) und WUR-Alterra (Wageningen, www.wur.nl) sowie 2015 bis 2019 durch das Niedersächsische Ministerium für Ernährung, Landwirtschaft und Verbraucherschutz (NML FKZ 406-04032/1-1502/1) und das Max-Planck-Institut für Ornithologie (DLR-ICARUS-Projekt, Radolfzell) ermöglicht.

Dr. Helmut Kruckenberg arbeitet als freiberuflicher Biologe seit Mitte der 1990er Jahre an der Erforschung der arktischen Wildgänse. Er ist Sprecher der DO-G Fachgruppe „Gänseökologie" und Vorsitzender des IWWR (Institute f. Wetlands a. Waterbird Research) e. V.

Zum Zählen solch großer Ansammlungen von Wasservögeln benötigt man schon etwas Erfahrung (Trupp mit Reiher- und Tafelenten). Foto: R. Martin. Thurgau, Schweiz, 12.2.2018.

1, 2, 3, … 100, 1 000 … :

Wasservogelzählung

In den 1960er Jahren begannen Vogelkundler mit der Wasservogelzählung in verschiedenen Regionen in Deutschland. Zunächst nur an einem Termin Mitte Januar, entwickelte sich das älteste Vogelmonitoringprogramm schnell weiter und aktuell zählen im Winterhalbjahr mehrere Tausend Vogelbegeisterte an über 2000 Seen, Fließgewässern und Küstenabschnitten Wasservögel.

Wenn man sich im Freundes- oder Bekanntenkreis als Wasservogelzählerin oder Wasservogelzähler outet, kommt unweigerlich die Frage „Wie zählt man die denn?“. Die Antwort „1, 2, 3…“ sorgt entweder für Lacher oder Unverständnis. Dabei macht man nichts anderes. Die einzelnen Vogelarten werden auf einem Gewässer durchgezählt (teilweise nach Geschlechtern getrennt) und die Ergebnisse notiert. Bei großen Ansammlungen stehen die Ziffern schon mal für Zehner- oder Hundertertrupps, die mit einiger Erfahrung ganz gut abgeschätzt werden können. Je nach Entfernung kommen Fernglas oder Spektiv zum Einsatz. Zähluhren sind gerade bei großen Ansammlungen wertvoll, auch oder gerade, wenn man während der Zählung angesprochen wird.

Die Wasservogelzählung ist ein ideales Einstiegsprogramm für die Beteiligung am Vogelmonitoring. Mit wenig Erfahrung kann man mit einem Parkgewässer oder einer Kiesgrube beginnen. Das Artenspektrum ist überschaubar und die Anzahlen meist nicht so hoch. Gezählt wird meist von September bis April am Sonntag in der Monatsmitte. Wichtig ist, dass Sie sich bei Interesse vorher informieren, ob das Gewässer nicht schon von jemandem bearbeitet wird. So unwahrscheinlich ist das bei über 2000 Beteiligten nicht.

Schwerpunkt im Winter

Im Winter verlassen viele Wasservögel die zufrierenden Gewässer in Nord- und Osteuropa und sammeln sich in großen Trupps auf geeigneten Gewässern. Hier sind sie nun mit relativ geringem Aufwand zu erfassen, was in den Brutgebieten nahezu unmöglich ist, wenn man an die weiten und menschleeren Tundren denkt. Die Januarzählung ist auch nicht auf Deutschland beschränkt. An diesem Tag werden die Bestände bei der Internationalen Mittwinterzählung an nahezu allen wichtigen Rastgebieten in Europa sowie in vielen Feuchtgebieten und Küstenabschnitten weltweit erfasst. Mit der Zusammenführung dieser Daten und einer statistischen Bearbeitung erhält man sehr gute Übersichten, wie sich die Bestände der verschiedenen Wasservogelarten entwickeln. Bei abnehmenden Anzahlen können Programme initiiert werden, um bestimmte Rastgebiete oder Zugwege besser zu schützen. Die Wasservogelzählung dient also direkt auch dem Vogelschutz. Deshalb gibt es in Deutschland auch Zählungen während der Zugperioden im Herbst und Frühjahr. So können die Funktionen bestimmter Gewässer noch besser identifiziert werden als allein durch die Erfassung der Wintergäste.

Arbeit oder Vergnügen?

Wenn man sich für die Teilnahme an der Wasservogelzählung entscheidet, wird man im wortwörtlichem Sinne ehrenamtlich tätig, da ja möglichst alle Zähltermine idealerweise über mehrere Jahre wahrgenommen werden sollen. Natürlich kann man von den Terminvorgaben geringfügig abweichen, wenn einer Zählung einmal private Termine entgegenstehen. Und es lässt sich nicht vermeiden, dass auch einmal eine Zählung ausfallen muss. Dennoch besteht die Mitarbeit an der Wasservogelzählung in mehr als Rausgehen, wenn man einmal Lust dazu hat und das

Die Wasservogelzählung – auch etwas für mich?

Am einfachsten informiert man sich aktuell bei *ornitho.de*: www.ornitho.de/index.php?m_id=20069. Hier findet man alle Informationen zum Monitoringprogramm, zu den Zählterminen sowie Links zu den Regionalkoordinatoren/innen.

Erforderliche Kenntnisse: sichere optische Bestimmung der vor Ort vorkommenden Rastvögel; Fähigkeit und Geduld zum Auszählen von Rastbeständen

Ausrüstung: Fernglas, Spektiv, ggf. Zähluhr

Wo wird erfasst? Zählgebiete an fast allen Gewässertypen

Artenspektrum: alle Wat- und Wasservogelarten und einige Zusatzarten

Anzahl Begehungen: 1 bis 12; abhängig von der Bedeutung des Zählgebiets und den zeitlichen Kapazitäten; Minimum: Zählung Mitte Januar; bevorzugt: September bis April; Maximum: ganzjährig monatlich

Tageszeit: tagsüber

Jahreszeit: Schwerpunkt vom Herbst bis zum Frühjahr

Dauer einer Erfassung: meist 2 bis 4 Stunden zzgl. An- und Abfahrt

Aufbereitung der Daten: geringer Aufwand: Summenbildung pro Art und Zähltermin

Vereinbarkeit mit Berufstätigkeit: hoch, Zählung erfolgt am Wochenende

Wofür wird's gebraucht? globale bis regionale Trends der Wasservogelbestände; Ermittlung bedeutender Rastgebiete; Grundlage für Schutzmaßnahmen

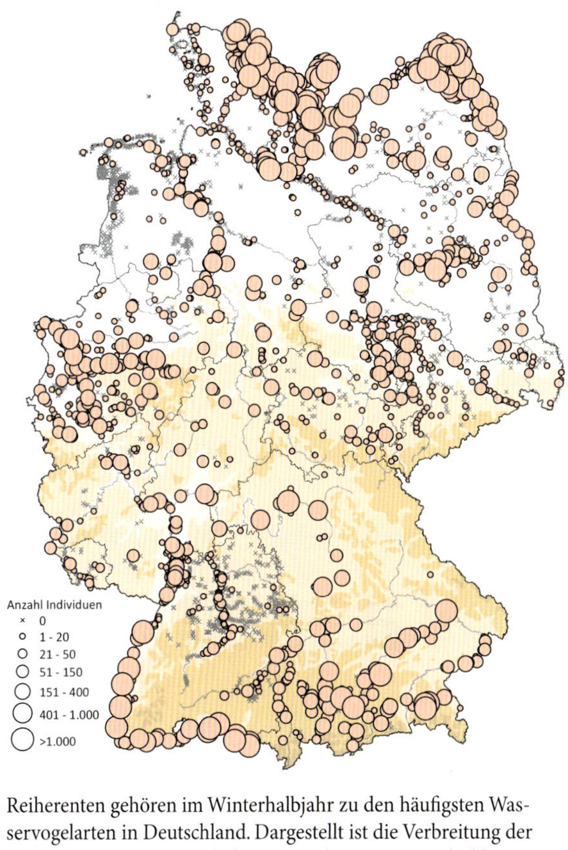

Reiherenten gehören im Winterhalbjahr zu den häufigsten Wasservogelarten in Deutschland. Dargestellt ist die Verbreitung der Reiherente im Januar nach den Daten der Wasservogelzählung von 2000 bis 2016 (Mittelwert je Zählgebiet). Karte: DDA.

Wetter passt – eine ehrenamtliche Aufgabe eben, auch wenn es ab und an mal richtig ungemütlich sein kann. Dafür wird man aber oft mit tollen Beobachtungen belohnt. Das können besonders große Anzahlen sein, Interaktionen zwischen den Arten oder man entdeckt eine seltene Art unter den Wasservögeln. Jede Zählung ist anders und bringt ein neues Erlebnis. Und man kann Veränderungen in unserer Umwelt anhand eigener Beobachtungen nachvollziehen. Deshalb werden die Zählungen auch nach Jahrzehnten nicht langweilig und manche Beobachter haben es schon auf fünfzig Jahre Wasservogelzählung gebracht!

Die Beobachtung eines Prachttauchers ist für einen Wasservogelzähler immer etwas Besonderes.

Foto: H.-J. Fünfstück. Walchensee, 15.10.2006.

Digitale Zukunft

Traditionell werden die Zählergebnisse auf Zählbögen notiert. Immer mehr Zählgebiete sind jedoch bereits bei *ornitho.de* digitalisiert, sodass die Daten direkt zuhause digital übermittelt oder mittlerweile auch bereits im Feld über die App „NaturaList" eingegeben werden können. Das spart viel Zeit und sorgt für einen schnellen Datentransfer. Schon bald wird man die bundes- und landesweiten Trends kurz nach den Zählterminen sehen können. Dann wird das Erlebte noch plastischer, da man seine Daten direkt mit dem Gesamtaufkommen vergleichen kann. Denn nichts ist so stetig wie die Veränderungen. Und die machen jede Zählung immer wieder spannend.

Johannes Wahl, Nikolas Prior, Stefan R. Sudmann

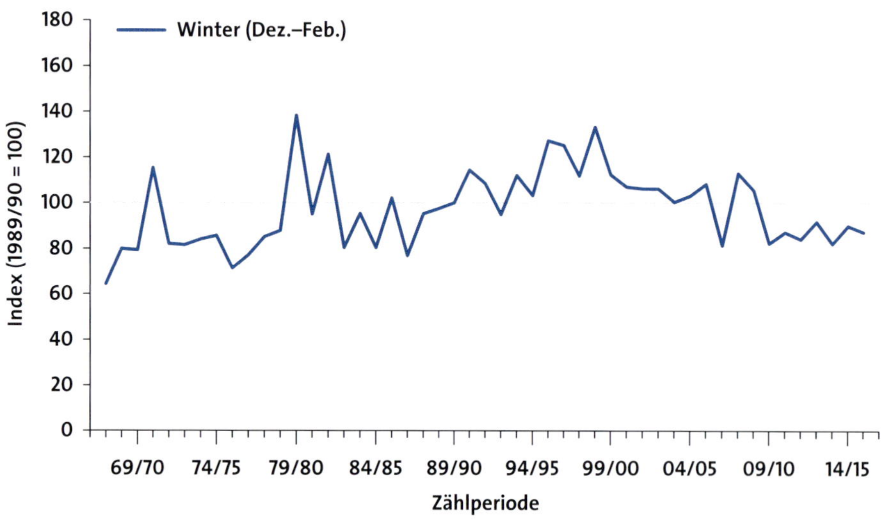

Die Ergebnisse der Wasservogelzählung zeigen in den Wintermonaten Dezember bis Februar bei der Schellente über fast fünfzig Jahre – bei starken Fluktuationen – einen Anstieg bis in die zweite Hälfte der 1990er Jahre. Danach zeigt sich ein deutlicher Rückgang. Schellenten sind – obgleich auch Brutvögel vor allem im Nordosten – typische Wintergäste in Deutschland. Sie erreichen ihr Bestandsmaximum in den Wintermonaten. Der Rückgang in den letzten Jahren ist Ausdruck einer Verlagerung der Überwinterungsgebiete nach Nordosteuropa. Ohne die europaweiten Erfassungen wären solche Aussagen unmöglich. All das fußt im Wesentlichen auf ehrenamtlichen Zählerinnen und Zählern.

Literatur zum Thema

Garthe S et al. 2004: See- und Wasservögel der deutschen Ostsee: Verbreitung, Gefährdung und Schutz. Bundesamt f. Naturschutz (Hrsg.), Bonn.

Kalbe L, Naacke J 2012: Alles gezählt? Erfassung und Schutz der Wasservögel in Ostdeutschland. Natur & Text.

Lehikoinen et al. 2013: Rapid climate driven shifts in wintering distributions of three common waterbird species. Glob. Change Biol. 19: 2071–2081.

Wahl J, Dröschmeister R, König C, Langgemach T & Sudfeldt C 2017: Vögel in Deutschland – Erfassung rastender Wasservögel. DDA, BfN, LAG VSW, Münster.

Wahl J, Sudfeldt C 2010: Ehrenamtliches Engagement im Vogelmonitoring in Deutschland. Naturschutz und Biologische Vielfalt 95: 199–230.

Stefan R. Sudmann s. Seite 8.

Johannes Wahl ist beim Dachverband Deutscher Avifaunisten (DDA) unter anderem für die Koordination des Monitorings rastender Wasservögel und von *ornitho.de* verantwortlich.

Nikolas Prior ist beim DDA unter anderem Mitarbeiter im Monitoring rastender Wasservögel und hat die statistischen Analysen zu den Bestandstrends durchgeführt.

Hochwertiges Vogelfutter fürs ganze Jahr

Gefüllte Kokosnuss mit Insekten

Reines Fett ist die wichtigste Energiequelle für Ihre Gartenvögel. Bei dieser Geschmacksrichtung sind es die getrockneten Insekten, die Ihre kleinen Gäste in Ihren Garten locken und dort heimisch werden lassen. Mit Kordel zum Aufhängen. Inhalt: 350 g. CJ WildBird Foods.

97-7774224 **€ 4,99**
(EUR 14,26 / Kilogramm)

Hoch Energiemix

Dieses Futter zeichnet sich im Gegensatz zu herkömmlichem durch seinen hohen Nährwert und Energiegehalt aus (550 Kalorien pro 100 g). Es enthält: geschälte Sonnenblumenkerne, gehackte geschälte Sonnenblumenkerne, gehackte Erdnüsse, gelbe Hirse, Maisbruch und geschälten Haferbruch. Ein Universalfutter allerhöchster Qualität für den Einsatz in Futtersäule, Futterhaus und als Streufutter. Schalenfrei heißt auch weniger Abfall! Energiewert: 46 % Fett, 20 % Proteine, 3 % Faser, 21 % Kohlenhydrate, 3 % Asche. Von NABU und LBV empfohlen. 2-kg-Beutel. CJ WildBird Foods.

97-7773133 **€ 12,99**
(EUR 6,50/1 Kilogramm)

Premium Erdnüsse

Diese weichen, ölhaltigen Erdnüsse zeichnen sich durch einen für Gartenvögel idealen Gehalt an Energie und Proteinen aus (560 Kalorien pro 100 g). Sie bereichern die Speisekarte von Meise bis Grünfink, Kleiber und Specht. Diese qualitativ hochwertigen Erdnüsse wurden sorgfältigen Untersuchungen unterzogen, um sicherzustellen, dass sie kein für Vögel lebensgefährliches Aflatoxin enthalten. Zutaten: Erdnüsse. Energiewert: 47 % Fett, 28 % Proteine, 3 % Faser, 14 % Kohlenhydrate, 2 % Asche. Von NABU und LBV empfohlen. 2-kg-Beutel. CJ WildBird Foods.

97-7773131 **€ 13,99**
(EUR 7,00/1 Kilogramm)

Fettpellets

390 Kalorien per 100 Gramm! Mit seinem hohen Fettgehalt lockt dieses Futter die unterschiedlichsten Vogelarten an. Im Gegensatz zu vielen anderen Futtersorten werden die Fettpellets restlos aufgefressen. Mit Schalen und anderen Abfällen unter der Futterstelle ist also Schluss! Auch sind in den Fettpellets keine Samen enthalten, die keimen könnten. Zutaten: Talg (Rinderfett), Weizenmehl, Erdnussmehl, Beerenextrakt, roter Lebensmittelfarbstoff. Analytische Bestandteile: Rohprotein 10,6 %, Rohfett 24,1 %, Rohfaser 0,3 % und Rohasche 1,2 %. 1-kg-Beutel. CJ WildBird Foods.

97-7774814 **€ 7,95**
(EUR 7,95/1 Kilogramm)

Vollwert-Energiekuchen – das Original

Maximale Energie für Ihre Gartenvögel. Meisenknödel und andere gängige Fettprodukte haben einen zu geringen Nährwert und sind für viele Vögel wie z. B. das Rotkehlchen schlecht zugänglich. Basis dieses hochwertigen Qualitätsproduktes bilden kalorienreiches Erdnussmehl und essentielle tierische und pflanzliche Fette. 500-ml-Stange. CJ WildBird Foods.

97-8880066 **€ 5,99**
(EUR 11,98 / Liter)

Vollwert-Energiekuchen mit getrockneten Mehlwürmern

Mehlwürmer - als Lebendfutter oder getrocknet - zählen zu den Lieblingsspeisen sehr vieler Gartenvögel. Sie sind es auch, die diese Variante des bewährten Energiekuchens so eiweißreich machen. 500-ml-Stange. CJ WildBird Foods.

97-7774225 **€ 5,99**
(EUR 11,98 / Liter)

Vollwert-Energiekuchen mit Beeren

Das traditionelle Energiekuchenrezept unter Zusatz von Beeren ist ideal für Vögel, die Früchte lieben (z. B. Amseln). Bestandteile: Rindertalg, Erdnussmehl, getrocknete Wildbeeren, Eberesche-Beeren. 500-ml-Stange. CJ WildBird Foods.

97-7770506 **€ 5,99**
(EUR 11,98 / Liter)

Vollwert-Energiekuchen mit Samen

Das traditionelle Energiekuchenrezept unter Zusatz von ausgesuchtem Saatgut bietet über kalorienreiche Fette hinaus auch einen hohen Anteil pflanzlicher Proteine. Beliebt bei einer Vielzahl von Vogelarten, wie z. B. Meisen und Sperlingen. Bestandteile: Talg, Erdnussmehl, Mais geplättet, gelbe Hirse, schwarze, gestreifte und geschälte Sonnenblumenkerne. 500-ml-Stange. CJ WildBird Foods.

97-7771610 **€ 5,99**
(EUR 11,98 / Liter)

Getrocknete Mehlwürmer

Ob Meisen, Rotkehlchen oder Amseln – getrocknete Mehlwürmer schmecken den Tieren nicht nur ausgezeichnet, sondern versorgen sie auch mit hochwertigen Proteinen. Geeignet für Futterhäuser und Futtertische sowie für die Bodenfütterung. 250-Gramm-Beutel. CJ WildBird Foods.

97-7774223 **€ 8,99**
(EUR 3,60 /100 Gramm)

Erdnussbutter für Gartenvögel

Das Original

Diese Erdnussbutter ist ein speziell entwickeltes Vogelfutter ohne Zusatz von schädlichem Salz und randvoll mit Kalorien angereichert. Superpraktisch in der Anwendung: Zum Füttern einfach den Deckel des Glases abnehmen und in den Erdnussbutterglas-Halter (nicht im Lieferumfang, separat bestellen) schieben. Zutaten: Talg, Maismehl, Erdnussmehl und Rapsöl. 330-g-Glas mit Schraubdeckel.

97-7773115 **€ 2,99**
(EUR 9,06/1 Kilogramm)

Erdnussbutter für Gartenvögel

mit Mehlwürmern

Zutaten : Talg, Maismehl, Erdnussmehl, Rapsöl und getrocknete Mehlwürmer. 330-g-Glas mit Schraubdeckel.

97-7773116 **€ 2,99**
(EUR 9,06/1 Kilogramm)

Erdnussbutterglas-Halter

Praktischer Spezialhalter aus massivem, beschichtetem Stahl zur Bestückung mit je einem der von uns angebotenen 330-g-Erdnussbuttergläser (nicht im Lieferumfang, separat bestellen). So können die Vögel optimal und direkt aus dem Glas picken. Mit drei Ösen zur Befestigung z. B. an einer Mauer, einem Baum oder Zaun. Das Erdnussbutterglas (ohne Deckel) wird einfach unter das Dach des Halters eingesetzt und lässt sich ebenso mühelos wieder gegen ein volles austauschen. Maße (B/T/H): ca. 13,5 x 12 x 13 cm.

97-7773117 **€ 12,95**

Preisstand 2020. Zzgl. Versandkosten

Der Falke Journal für Vogelbeobachter

Sonderhefte

Lebensräume aus zweiter Hand

72 S., durchg. Farbfotos, geh., ISBN 978-3-89104-815-3

Best.-Nr.: 315-01193 **€ 12,95**

Der Verlust natürlicher Lebensräume ist ein wichtiger Faktor beim Bestandsrückgang vieler Vogelarten. Vögel dürfen nicht losgelöst von ihrem Lebensraum betrachtet werden, dessen Erhalt oder Wiederherstellung oberste Priorität besitzen sollte. Für viele Arten können auch von Menschen geschaffene Lebenräume die nötigen Bedingungen erfüllen. In diesem Sonderheft werden „künstliche" Lebensräume und ihre Arten vorgestellt.

Vogelzug

72 S., durchg. Farbfotos, geh., ISBN 978-3-89104-775-0

Best.-Nr.: 315-01151 **€ 6,95**

Neben einem Ausflug in die Geschichte der Vogelzugforschung werden Themen wie Orientierung, Rastökologie, Bestandsentwicklung, Zugvögel und Klimawandel, Auswirkungen von Windrädern auf Zugvögel und die neue Rote Liste Wandernder Arten vorgestellt. Auch über neue Forschungsmethoden und deren überraschende Ergebnisse wird der Leser informiert.

Vogelschutz

64 S., durchg. Farbfotos, geh., ISBN 978-3-89104-806-1

Best.-Nr.: 315-01184 **€ 9,95**

In einer Vielzahl von aktuellen Beiträgen führender Fachleute aus dem Bereich "Vogelschutz" werden in diesem Sonderheft von DER FALKE die vielschichtigen Aspekte des modernen Vogelschutzes übersichtlich und praxisnah vorgestellt.

Eulen in Deutschland

Verbreitung · Gefährdung · Trends

56 S., durchg. Farbfotos, geh., ISBN 978-3-89104-780-4

Best.-Nr.: 315-01156 **€ 6,95**

Schon seit Jahrtausenden faszinieren Eulen Menschen und haben Eingang in die Kulturgeschichte, Mythen und Symbolik gefunden. Grund genug, einen ausführlichen Blick auf ihre Biologie und Lebensweise zu werfen sowie Schutzmöglichkeiten aufzuzeigen.

Geier

Biologie – Gefährdung – Schutz

80 S., durchg. Farbfotos, geh., ISBN 978-3-89104-802-3

Best.-Nr.: 315-01178 **€ 6,95**

Geier sind in zahlreichen Ländern Europas in den vergangenen Jahren in den Fokus des Natur- und Artenschutzes gerückt. Viele der besten Geierkenner in Europa vermitteln einen umfassenden Überblick über den Status, die Biologie, die Gefährdung und den Schutz der vier regelmäßig in Europa auftretenden Geierarten.

Der Kormoran

Schutz für einen Fischräuber?

48 S., durchg. Farbfotos, geh., mit Poster, ISBN 978-3-89104-736-1

Best.-Nr.: 315-01110 **€ 6,95**

Was ist dran an dem Vorwurf gegen den Kormoran, der nicht nur für wirtschaftliche Schäden in Zuchtteichen verantwortlich gemacht wird, sondern auch frei lebende Fischarten in ihrem Bestand gefährden soll?

Stadtvögel

Lebensräume – Strategien – Entwicklung

72 S., durchg. Farbfotos, geh., mit Poster, ISBN 978-3-89104-797-2

Best.-Nr.: 315-01173 **€ 6,95**

Von einfachen Brutnischen in grauen Häuserfassaden bis zu komfortablen Nestbauten in städtischen Parks und auf Friedhöfen: Dieses Sonderheft beschreibt fundiert die spannenden (Über)Lebensstrategien heimischer Vögel, die als Kulturfolger in unseren Städten anzutreffen sind.

Abonnenten von DER FALKE können die Sonderhefte zu einem günstigen Vorzugspreis bestellen. Infos unter vertrieb@aula-verlag.de

Bitte bestellen Sie bei: Preisstand 2020, zzgl. Versandkosten

AULA-Verlag GmbH
Industriepark 3, 56291 Wiebelsheim
Tel.: 06766/903-206, Fax: -320
vertrieb@aula-verlag.de • www.aula-verlag.de

9 783891 048221

Sonderheft 2019 Wasservögel
ISBN 978-3-89104-822-1
Best.-Nr.: 315-01201